Abele/Herz

Die Eigenharnbehandlung

Die Eigenharnbehandlung

nach Dr. med. Kurt Herz †

Erfahrungen und Beobachtungen

Bearbeitet und auf den neuesten Stand gebracht
von Dr. med. Johann Abele

Mit 9 Abbildungen und 3 Tabellen

9., verbesserte und erweiterte Auflage

HAUG

Karl F. Haug Verlag · Heidelberg

Die Deutsche Bibliothek – CIP-Einheitsaufnahme

Abele, Johann:
Die Eigenharnbehandlung : nach Dr. med. Kurt Herz ; Erfahrungen und Beobachtungen / bearb. und auf den neuesten Stand gebracht von Johann Abele. - 9., verb. und erw. Aufl., 1. Nachdr. - Heidelberg : Haug, 1994
(Erfahrungsheilkunde, Naturheilverfahren)
ISBN 3-7760-1410-5

2. Auflage 1958 Karl F. Haug Verlag, Ulm/Donau
3. Auflage 1975 Karl F. Haug Verlag, Heidelberg
4. Auflage 1977
5. Auflage 1980
6. Auflage 1981
7. Auflage 1986
8. Auflage 1991
9. Auflage 1994
9. Auflage 1. Nachdruck 1994

Titel-Nr. 2410 • ISBN 3-7760-1410-5

Gesamtherstellung: Druckhaus Darmstadt GmbH, 64295 Darmstadt

Una gutta urine patientis potenter
sanat lacrimas oculorum

(Thesaurum pauperum Patri Hispan. 1530)

Inhalt

Aus dem Vorwort von Dr. Kurt Herz

(Robertson, Montana/USA, im März 1950)

Meine Versuche und Erfahrungen mit der Eigenharnbehandlung reichen zurück bis zum Jahre 1929; 1930 berichtete ich darüber in einem Vortrag, gehalten vor dem Verein der Ärzte des Kreises Schwelm. Im Mai 1931 erfolgte die Erstveröffentlichung in der „Münch. med. Wschr.". Hatten mich die oft verblüffenden Resultate, die ich mit der Behandlungsmethode erzielte, in Erstaunen gesetzt, so wurde ich in gleicher Weise überrascht durch das außerordentliche Interesse, das der ,,Eigenharnbehandlung" nach der ersten Publikation entgegengebracht wurde: Ärzte aller Gattungen und Wissenschaftler auf medizinischem und chemischem Gebiet befaßten sich mit der Materie, in- und ausländische Kliniken befreundeten sich mit meinen Gedankengängen und ließen die Hoffnung erwecken, daß Nachprüfungen der Methode in größerem Maßstab erfolgen würden; die pharmazeutischen Magazine nahmen die Abhandlung in ihren Berichten auf (ungeachtet eines drohenden Konkurrenzverfahrens) und trugen mit dazu bei, weiteste Kreise zu interessieren; der Heufieberbund von Nordwestdeutschland versandte einen Sonderbericht über die neuartige Behandlungsmethode, den er sämtlichen Mitgliedern zustellte, da der Jahresbericht bereits im Druck erschienen war. Ich selbst wurde gebeten, in einer in Helgoland stattfindenden Sitzung des Bundes ein Referat über die A-U-Therapie abzugeben.

Das Referat unterblieb, weil die Wissenschaft mit einem Male ihre Freiheit verloren hatte. Das Interesse für die Behandlungsmethode flaute immer mehr und mehr ab, und schließlich erhielt ich von Prof. VOGEL, der mich um einen ausführlichen Beitrag für die Zeitschrift „Hippokrates" gebeten hatte, die liebenswürdige Mitteilung, er „brauche mich nicht weiter zu bemühen".

Der Dresdener Kinderarzt Martin KREBS war einer der wenigen, die die Beschäftigung mit der A-U-Therapie nicht aufgaben. Seit 1934 stand er dauernd mit mir in Verbindung und wurde nach den auffallenden Erfolgen ebenfalls ein begeisterter Kämpfer für die Behandlungsmethode, über die er im Juli desselben Jahres in einem Vortrag vor der Vereinigung sächsisch-thüringischer Kinderärzte in Leipzig berichtete. Dort brachte er meinen Ideengang zum Ausdruck und erklärte: „Diese Kenntnisse verdanken wir K. HERZ, der die Methode an großem Material erprobte und mich von der Wirkung des Eigenharns überzeugte.“

Vorwort zur 9. Auflage

In den vergangenen dreizehn Jahren, seit ich dieses Buch betreue, hat in der Medizin eine große Umgestaltung aller Werte begonnen. Einerseits konnten Forscher die Grenzen zu Reparaturarbeiten bis in die Tiefe des Genoms hinein erweitern, also den Arzt als Zellingenieur im Science-fiction-Bereich erreichen, andererseits spricht man heute zunehmend offen von einer ganz anderen Heilkunst, nämlich der energetischen, welche ausschließlich informativen Charakter trägt. Hier wagt man sich auf ein Gebiet, welches bis heute nur wenige Tatsachen zum direkten Ergreifen bietet, jedoch immer mehr indirekte Ergebnisse erkennen läßt. Übrigens: die Physik an Atomteilchen macht es nicht anders!

Außerdem hat sich unter dem Druck der klinisch-ökologischen Krankheiten, welche von der Schulmedizin nicht beherrschbar sind, die Einstellung zu Naturheilverfahren – ja die Einstellung zur Natur überhaupt – ziemlich geändert.

Was man in Ärztekreisen vor zehn Jahren nur hinter vorgehaltener Hand sagen durfte, erweckt heute in öffentlichen Vorträgen nicht etwa Kopfschütteln, sondern zunehmend Interesse.

Auf diesem Hintergrund hat sich auch im Umgang mit Harn einiges getan, und im Jahre 1993 sind drei neue Bücher in deutscher Sprache auf den Markt gekommen, welche sich mit diesem Medium als Heilmittel auseinandersetzen. Noch stammen zwei Bücher aus der Hand von „Nicht-Medizinern“, nämlich von der Journalistin CARMEN THOMAS und der Apothekerin INGEBORG ALLMANN. Erstere hat zu ihrer eigenen Überraschung während einer Rundfunksendung erfahren, daß die „Therapie mit Eigenharn“ auch in Deutschland in breiten Kreisen der Bevölkerung bewußt ist und reichlich bei unterschiedlichen Leiden verwendet wird. In ihrem im Eigenverlag herausgegebenen Buch beschreibt sie sehr schön die Historie, stellt Patientengeschichten vor und beschreibt alle möglichen Anwendungsmöglichkeiten von Harn in Industrie, Gewerbe und Haushalt. Frau ALLMANN hat die Weltliteratur – besonders die englische, amerikanische und die indische – durchgemustert und übersetzt und das Wichtigste nebst eigenen Erfahrungen – ebenfalls im Selbstverlag – herausgegeben.

Es sind respektable Ergebnisse herausgekommen, und dem deutschen Leser wird zum ersten Mal bewußt, daß in England diese Therapie weit verbreitet ist und daß in Indien ärztlich geleitete Therapiezentren sich damit beschäftigen. Wie wichtig dem deutschen Leser dieses Thema erscheint, kann man daran erkennen, daß diese Bücher noch im Erscheinungsjahr vergriffen waren.

Letztlich breitete sich in den vergangenen Jahren zurecht die Angst vor chemischen (medikamentösen) Eingriffen in natürlichen Systemen (eigener Körper) aus. Inwelt wird zurecht mit Umwelt gleichgesetzt und Inweltschäden werden mit Umweltschäden auf identische Paradigmen abgeklopft.

Auf dem Hintergrund dieser Tatsachen habe ich mich entschlossen, das vorliegende Büchlein nochmals – jetzt zum vierten Mal – zu überarbeiten und ihm ein ganz neues Kapitel, das des Harntrinkens, hinzuzufügen. Ich habe dieses bewußt für Laien geschrieben.

Im Gegensatz zu den oben beschriebenen Büchern und zur indischen Literatur habe ich jedoch den Stil eines „Ärztebuches" nicht ganz verlassen und besonders die wissenschaftlichen Hintergründe und immunologischen Erklärungsversuche der Wirksamkeit erfaßt.

So stellt die vorliegende neunte Auflage das derzeit in der Welt einzige Werk dar, welches ernsthaft versucht, die Eigenharntherapie auch Forschern und Ärzten plausibel und respektabel zu machen und zum eigenen Experimentieren und Nachdenken anzuregen.

Die Hauptwirksamkeit und der Wirkweg dürfte in unterschiedlichen Ebenen zu suchen sein:

1. im Eingriff in den Cytochin-Monokin-Mechanismus mit seinen folgenden Enzymkaskaden des Immunsystems,
2. im Eingriff in Informationsabläufe innerhalb der Autoregulation,
3. als Folge der mazerativen Eigenschaften der Substanz sowie ihres Mineralstoff- und im Krankheitsfalle auch Immuneiweißreichtums.

Ich beziehe mich hierbei auf Analogieschlüsse, welche ich ausgehend von Forschungsergebnissen ziehe, die OHLENSCHLÄGER und andere Autoren bei Verwendung körpereigener Substanzen oder Lektinen erhielten. Ich beziehe mich auch auf POPP und ATHENSTEDT, welche sich mit dem Phänomen des self-repairs im Bereich der zelleigenen Informatik auseinandergesetzt haben.

Ich selbst habe in den nun 25 Jahren naturheilkundlicher Tätigkeit mit der Injektionsform ebenso wie mit der oralen Anwendung so reichliche und überraschende Ergebnisse erzielen können, und dies vor allem bei

Krankheitsbildern, welche vorher vergeblich schulmedizinisch behandelt worden waren, daß ich die Methode als ganz normalen Baustein ärztlichen Handelns bezeichnen möchte. Die Injektionsform verwende ich zum Beispiel als Methode der Wahl bei Urticaria, Heuschnupfen, Keuchhusten und Präeklampsie, die orale Form dient mir als die einzig wirksame bei der Darm- und Gewebecandidose.

So hat die unermüdliche Aufmunterung des ansonsten unbekannten Arztes HERZ endlich ein Ziel erreicht: Von der Eigentherapie spricht man jetzt wieder zunehmend in Ärztekreisen und es bleibt nur die Frage, ob sich Wissenschaftler einmal um Aufklärung des Wirkmechanismus bemühen, eingedenk ihres eigentlichen Auftrages ... „die Phänomene in der Natur zu erforschen, um der Erweiterung des Bewußtseins willen, nicht jedoch um finanzielle Vorteile daraus zu schlagen." Kasuistiken, um eine solche Forschung „würdig" erscheinen zu lassen, gibt es inzwischen weltweit. Aber Wissenschaftler haben bisweilen eine eigenartige Meinung von ihrem Berufsstand und daher zitiere ich abschließend nochmals die berühmten Sätze eines genialen Deutschen, welcher – ebenfalls zu Unrecht – heute lediglich als Dichter gerühmt wird, der jedoch sich selbst vielmehr als Naturwissenschaftler gesehen hat, nämlich JOHANN WOLFGANG GOETHE:

Der Mensch an sich selbst,
insofern er sich seiner gesunden Sinne bedient,
ist der größte und genaueste
physikalische Apparat, den es geben kann;

und das ist eben das größte Unheil der neueren Physik,
daß man die Experimente
gleichsam vom Menschen abgesondert hat
und blos in dem, was künstliche Instrumente zeigen,
die Natur erkennen,
ja, was sie zu leisten imstande ist
dadurch beschränken und beweisen will.

Dr. med. Johann Abele
Naturheilsanatorium Schloß Lindach, Württemberg
Im Frühjahr 1994

Geschichtliches

Aus der Literatur geht hervor, daß der eigene Harn seit Jahrtausenden als Heilmittel angewandt worden ist. Er wurde sogar als heiliges Mittel in unterschiedlichen Phrasen verklausuliert und so dem gemeinen Volke aus dem Bewußtsein genommen. Wasser des Lebens, Elixier, Lebensstrom, Quell der Jugend sind nur einige der Synonyme für Eigenharn.

Die Yogis Indiens kannten immer schon das Wunder dieser heiligen Flüssigkeit. GANDHI trank während seiner langen Fastenzeiten seinen Harn täglich, um gesund zu bleiben und die amerikanischen Ureinwohner benützen ihn noch heute, um körperlich gesund zu bleiben und sich mit ihm von Krankheiten zu befreien.

Man darf spekulieren, ob das im Alten Testament und frühen Schriftrollen auftretende „Wasser des Lebens“ nicht ebenso gemeint ist, wie das in den Papyrustexten, von dem man annimmt, daß es den Eigenharn beträfe: „Das Wasser des Lebens ist euch gegeben, um es zu trinken und euren Leib damit zu waschen.“

Die Gewohnheit, den eigenen Urin bei allen möglichen Krankheiten in den verschiedensten Formen anzuwenden, pflanzte sich im Volke von Geschlecht zu Geschlecht fort, und Ärzte, die einen besonderen Ruf genossen, beschäftigten sich eifrig mit der Behandlungsmethode. Bei Benutzung von fremdem Urin stellten sie nach ihren Beobachtungen besondere Regeln auf, wobei Alter und Geschlecht eine große Rolle spielten. Auch von Diskussionen über Harnbehandlung wird berichtet.

In Deutschland fand die Behandlungsmethode im Anfang des 18. Jahrhunderts eine ausführliche Niederschrift und eingehende Betrachtung in der ,,Heylsamen Dreckapotheke“ (1714). In der Folgezeit geriet die Harnbehandlung in wissenschaftlichen Kreisen immer mehr in Vergessenheit, dadurch, daß die Periode der großen chemischen Forschungen einsetzte und mit ihr die Untersuchungen großer und größter Dosen von Chemikalien zu Heilungszwecken. Laienkreise dagegen befaßten sich dauernd mit der Harnbehandlung, und immer wieder stößt man auf Angaben, wie z. B., daß Wäscherinnen bei Gewerbeerkrankungen den Eigenurin zu Waschungen benutzen; daß Kranke mit aufgebrochenen Frostbeulen und bei Sonnenbrand die erkrankten Stellen damit bestreichen; daß Halsleidende mit Eigenharn gurgeln; daß er bei fieberhaften Erkrankungen gar getrunken wurde.

Die erste wissenschaftliche Arbeit erschien wohl erst wieder zu Beginn des 20. Jahrhunderts, als SCHATTENFROH über den Nachweis von Lysinen (Antigenen) im Urin berichtete. Jedoch fanden damals seine Untersuchungen noch keine therapeutische Auswertung. Auch der 1919 von WILDBOLZ eingeführte „biologische Nachweis aktiver Tuberkuloseherde des menschlichen Körpers durch die intrakutane Eigenharnreaktion" hatte rein diagnostische und prognostische Bedeutung.

Zu therapeutischer Ausnutzung des Urins in Form von Injektionen kam es erst verschiedene Jahre später, und zwar unabhängig voneinander in Rußland, Italien, Frankreich, Österreich und Deutschland. Dabei ist wieder zu unterscheiden zwischen den Autoren, die mit dem Urin fremder Personen behandelten und denen, die Eigenharn benutzten. In Amerika kam es ausschließlich zur Verwertung von fremdartigem Schwangerenurin; auch die Russen (ZAMKOFF u. a.) befaßten sich hauptsächlich mit dieser Behandlungsmethode. Für die *Eigenharnbehandlung* in Form von Injektionen dürfte CIMINO (Palermo) das Prioritätsrecht in Anspruch nehmen. Er führte sie seit Anfang 1927 bei eitrigen Erkrankungen der Harnwege erfolgreich durch und berichtete 1929 darüber in einem Vortrag vor dem Kongreß der deutschen Gesellschaft für Urologie.

SCHÜRER-WALDHEIM (Wien) verwandte ungefähr um dieselbe Zeit neben Eigenblut auch Eigenharn zur Behandlung besonders von Infektionskrankheiten. Er vermengte Urin mit artfremdem Eiweiß; seine Methode bezeichnete er als Fermenttherapie. Zwei französische Dermatologen, JAUSSION und PALÉOLOGUE referierten in einer Sitzung der Société de Dermatologie et de Syphiligraphie (Februar 1929) „über eine neue Desensibilisierungsmethode bei der Behandlung des Ekzems" mit Eigenharn und erblickten in ihr eine Antigenwirkung. K. HERZ war wohl in Deutschland der erste, der sich in größerem Maßstab mit der *A-U-Therapie* befaßte. Veranlaßt durch die Auffindung größter Mengen von Hormonen im Harn führte er die Behandlungsart seit 1930 systematisch bei Störungen durch, für die er eine Dyshormonie verantwortlich zu machen glaubte. Seine erste Veröffentlichung erfolgte in der „Münch. med. Wschr." 1931. Ca. 10 Jahre fand die Eigenharnbehandlung bei Ärzten und Kliniken immer mehr Anhänger. Die Gynäkologen BEUCHELT und SCHILDBERG berichteten über ihre Erfolge in ihrem Spezialgebiet; der Kinderarzt KREBS wurde wegen der oft dramatischen Heilungen, die besonders bei Kindern erzielt werden konnten, ein begeisterter Verfechter der Behandlungsmethode und legte die Ergebnisse in einer groß angelegten Arbeit nieder, die 1937 in der Zeitschrift „Hippokrates" erschien.

Durch den 2. Weltkrieg geriet die Eigenharnbehandlung vollkommen in Vergessenheit, so daß es nicht wunder nehmen konnte, daß PLESCH (London) in einem Aufsatz, der am 10.5. 1947 in der „Schweiz. med. Wschr." über „Behandlung mit Urin" erschien, diese Methode als vollkommen neuartig beschrieb.

Es ist das Verdienst von KÜGLER, dem ehem. Mitschriftleiter der Zeitschrift „Arzt und Patient" aus dem Karl F. Haug Verlag, den Gedankenaustausch aufgrund der bisherigen Erfahrungen mit der Eigenharnmethode von neuem angeregt zu haben. Er brachte HERZ zum Ausdruck, daß „die Jungärzte infolge der Erlebnisse der letzten 10 Jahre (es war die Zeit nach dem 2. Weltkrieg mit ihrem Mangel an rasch wirksamen Chemotherapeutika) ... bei kritischer Umschau wissen, daß ein wirkliches ärztliches Helfen nicht darauf beruht, Medikamente zu verordnen, sondern der Natur ihre Heilmittel und Kunstgriffe abzulauschen".

Mit dem Aufkommen preiswerter, chemisch genau definierter Arzneimittel, deren Metabolismus oft weitgehend abgeklärt werden konnte und mit der erneuten Zuwendung der Mehrheit aller Ärzte zu einer mechanistisch-reparativen Denkweise, verschwand die A-U-Therapie, wie auch andere Naturheilmittel und biologische Reizkörpertherapien aus dem Erfahrungsschatz der Praktiker.

In den Jahren 1971 (Health Press, England) und 1987 (Nutri Books Corp. USA) sind jedoch weitere Untersuchungen zum selben Thema erschienen. Sie befassen sich hauptsächlich mit der oralen Form der Auto-Uro-Nosode und stellen eigentlich eine Sammlung gut beobachteter Kasuistiken dar. In England liegt offenbar diese Therapie ausschließlich in den Händen von Laienheilern, während in Amerika – wie die Autorin Dr. Beatrice BARTNETT beschreibt – verschiedene Ärzte sich diesem Thema zuwandten, zuletzt 1983 und 1984 C. W. M. WILSON und A. LEWIS in einer Studie über „Auto-Immuntherapie gegen allergische Erkrankungen beim Menschen: ein physiologischer Selbstverteidigungs-Faktor" und „Dosierungsfragen zum selben Problem". Sie fanden hierbei vor allem, daß die native Substanz unverfälscht, also auch nicht durch Abkochen verändert, gegeben werden müßte.

Schließlich hat in den letzten Jahren der deutsche Arzt Horst KIEF, Ludwigshafen, durch eine neue, wissenschaftliche Fraktionierung von Harn diesen in die orale Therapie von Immunerkrankungen, vorzugsweise Asthma und Neurodermatitis, eingeführt.

Vorurteile gegen die Behandlung mit Harn

Bei der Beurteilung einer Naturheilmethode begegnen wir in erster Linie dem Einwand, daß ein großer Teil unserer Kranken gesund wird, ohne daß die angewandten Heilmittel eine nennenswerte Rolle spielen. Dieser Einwand erscheint bei der A-U-Therapie schon deshalb unangebracht zu sein, weil sie heute wie ehemals bei Krankheiten angewendet wird und wurde, bei denen jede andere Behandlungsweise entweder vollkommen versagt oder nur unbefriedigende Wirkung erzielt hatte. Dennoch beruft man sich gerne auf „die besondere Plazebowirkung", welche den von Naturheilärzten gegebenen Mitteln offenbar innewohne. Dieses Argument klingt im Munde der Ärzte, welche eine – wie sie selber sagen – effektivere Medizin betreiben, besonders unglaubwürdig. Im Gegenteil: sehr viele Patienten begegnen den Naturheilmethoden und den von dort abgeleiteten, in ihrer Wirkstoffmenge eher „sparsamen" Medikamenten mit großem Mißtrauen, weil sie – nach langem Siechtum und der Konfrontation mit verschiedensten und vergeblich angewendeten verläßlichen Heilweisen im Innersten erschüttert – an gar nichts mehr glauben. Auch die Mißerfolge einer Therapieform ruft man gerne als Zeugen gegen ihre Seriosität an. Dies verpflichtet uns ganz besonders, diesen auf den Grund zu gehen und nach Fehlerquellen bei der Anwendungsweise zu fahnden. Aber die Ablehnung, welche der A-U-Methode in Ärztekreisen entgegenschlägt, beruht auf noch ungreifbareren Begründungen: Man empfindet die Methode als unnatürlich. Es solle dem Körper nicht wieder zugeführt werden, was er schon ausgeschieden habe. Die mit dem Urin ausgeschiedenen Stoffe könnten sich toxisch auswirken. Die „Dosierung" über den Urin eingebrachter Stoffe sei gänzlich unsicher usw.

Es ist erstaunlich, wenn Ärzte, die Stierhoden, Plazenten und andere „Leichenteile" einspritzen, oder die Medikamente zuführen, welche aus Darmbakterien gewonnen und zusammengesetzt werden, ästhetische Einwände gegen die Harnbehandlung erheben. Nach langer Erfahrung bin ich bei Patienten niemals auf Widerstand gestoßen und nach meiner ärztlichen Auffassung begeht man keine Unterlassungssünde, wenn man bei empfindsamen Gemütern erst nach erfolgter Heilwirkung verrät, womit man geheilt hat, da die Anwendung der Methode gefahrlos ist und keine Nebenwirkung kennt.

Dem Argument der mangelhaften Dosierungsmöglichkeit muß man entgegenhalten, daß Naturheilmittel generell ohne feste Dosierung gehandhabt werden und gehandhabt werden dürfen. Eine toxische Wirkung, wie sie nahezu alle Allopathika aufweisen, besitzen sie nicht, und ihre Anwendung richtet sich nach 3 Kriterien: der Konstitution des Erkrankten, seiner Reaktion auf die Erstgabe des Mittels und der Erfahrung des Therapeuten. Diese Kriterien bestimmen die Dosis.

Das Argument der ,,Rückführung von Giftstoffen mit dem Harn" ist heute leichter zu beschwichtigen als früher, da außer Stoffwechselschlakken eine Unzahl – und wirtschaftlich sogar in großem Ausmaß zu nutzender – physiologischer Wirkstoffe in ihm zu finden sind.

Schließlich führt man die völlig ungeklärte Wirkungsweise der A-U-Therapie als ablehnende Begründung ins Feld der Einwände. Auch dieses Argument steht auf schwachen Füßen, denn welcher Arzt würde heute gerne auf so wirksame Arzneimittel verzichten, wie sie die Mehrzahl der Psychopharmaka darstellt, oder eine Anzahl durchblutungsfördernder Substanzen, wie das Actihämyl zum Beispiel, oder gar auf die meisten Hormone, nur weil deren Wirkungsweise nicht wissenschaftlich exakt nachzuweisen ist. Dieses Rätsel sollte im Gegenteil die Anwendung und die Forschung vorantreiben. Aber man kann sich des Eindrucks nicht erwehren, daß heute nur Therapieformen in die Forschung Eintritt finden, deren Anwendung wirtschaftliche Beute verspricht.

,,Die praktische Seite in der Medizin gehört in den Bereich der Kunst", schrieb einst MAIMONIDES, und der Praktiker sollte sich daher vom Theoretiker nicht allzusehr die Wahl seiner Mittel einengen lassen. Eine Medizin, die sich von der Beobachtung am Krankenbett entfernt, erstarrt in Selbstdarstellung, in Analyse. ,,Das selbstverständliche Ziel jeder vernünftigen Medizin sollte aber doch das Heilen sein" (August BIER).

Bei Forschung Interesse dort am größten, wo größter Gewinn. Verständlich in materiell. Welt.

Je weiter Arzt vom Krankenbett entfernt, umso theoret. seine Medizin.
Eindruck
Hier nicht Kranke Mittelpkt, wirtschaftl. Fall

1. Inhaltsstoffe im Harn

In seiner letzten Ausgabe der A-U-Therapie schrieb HERZ, daß der Wirkungsnachweis seiner Therapie wahrscheinlich dann gelänge, wenn man erst alle Inhaltsstoffe des Harns kennen würde. Auch die genaue Dosierung hinge dann davon ab. HERZ hat sich hier – im Zeitalter des Rausches der klinisch-chemischen Wissenschaftlichkeit geirrt. Heute läßt sich absehen, daß der Harn in Spuren nahezu jede im Körper vorkommende Substanz beherbergt und daß, was schlimmer ist, gerade die in hoher Dosierung bei Krankheiten ausgeschiedenen Stoffklassen zur Behebung dieser Erkrankung nicht tauglich sind.

Wie die Eigenblutmethode stellt die A-U-Therapie zunächst eine unspezifische Reizkörpertherapie dar. Ihre Feinwirkung (Einfluß auf den Flüssigkeitshaushalt) und die beobachteten Wirkungsunterschiede scheint sie in die Klasse der Isotherapeutica einzureihen. Der Harn stellt darüber hinaus ein möglicherweise exaktes ,,Hologramm" der gesunden und kranken Körperflüssigkeiten dar, und es darf an dieser Stelle fraglos ein Kapitel seiner Inhaltsstoffe eingereiht werden, um dem Interessierten zu zeigen, mit welcher Art ,,Medikament" er es zu tun hat. Naturgemäß kann hier nur eine Auswahl aufgeführt werden.

Allgemeine Ergebnisse

Die Wasserausscheidung des Körpers beträgt am Tag zwischen 1500 und 3000 ml. Davon fallen auf den Harn 600–1600 ml. Die Zusammensetzung seiner Inhaltsstoffe schwankt im Tag/Nacht-Rhythmus. Aus Einzelproben darf nicht auf die Zusammensetzung des 24-Stunden-Harn geschlossen werden. Das Trockengewicht des normalen Harnes hängt vom spezifischen Gewicht ab. Um es rasch zu berechnen, multipliziert man die beiden letzten Ziffern des spezifischen Gewichtes mit dem Faktor 2,6 (bei Kindern 1,6) und erhält so bei einem Urin vom spez. Gew. 1,020 ein Trockengewicht von 52 mg/die. Der Säurewert (pH) schwankt je nach Abbau von Purin-Protein (Herkunft des Phosphorsäure- und Schwefelsäureanteils) und liegt bei Erwachsenen um 5,7 (4,8–7,5), bei Kindern etwas basischer.

Die Harnmenge und die Konzentration hängen von vielen Faktoren ab, die ihrerseits mit Nahrungs- und Flüssigkeitsaufnahme, mit Hämokonzentration, mit hormonellen Einflüssen und Erkrankungen im harnbildenden System unterschiedlich verflochten sind. Besonders kann der pH-Zustand beeinflußt werden durch H-Donatorenübermaß in der Nahrung. Nicht zu vergessen ist der Anfall von H-Donatoren, die aus dem Eiweiß der Darmbakterien bei deren natürlichem Zerfall in Massen auftreten kann. Verlust basischer Valenzen (Erbrechen oder Dauerdurchfälle), Überangebot freien Wassers (Dilutionsazidose) können zu Azidose führen.

Selbstverständlich enthält der Harn bei bakteriellen Erkrankungen meist eine gewisse Keimzahl, die nicht immer ausreicht, in der Niere selbst oder in der Blase eine Entzündung hervorzurufen, die aber ausreichen könnte, eine spezifische Immunitätserhöhung gegen lebende Invasoren zu erzeugen, wenn man mit dem kontaminierten Harn Impfungen durchführt.

1.1 Hormone

Der Urin des Gesunden und des Kranken bildet eine Fundgrube von Hormonen. Die pharmazeutische Industrie kann daraus durchaus gewinnbringenden Nutzen ziehen, da viele Hormone – nach Vollzug ihrer Aufgabe im Organismus – völlig unverändert oder nur leicht unverändert über die Nieren ausgeschieden werden. Schon in alter Zeit hat man diese Tatsache – wenn auch unbewußt benutzt: Schwangerenharn brachte Gerste und Roggen unterschiedlich zur Keimung, je nachdem es sich um einen männlichen oder um einen weiblichen Foetus gehandelt hat (Ägypten).

Selbstverständlich weist man heute bei verschiedenen Erkrankungen des Organismus eine Mengendifferenz von Hormonen nach. Gerade die von HERZ und anderen Autoren mit A-U-Nosoden behandelten Erkrankungen sprechen zwar auf Kortikosteroide zum Teil an, doch kann man keineswegs schließen, daß die A-U-Nosode in ihrer Menge hormonell-therapeutisch effizient wäre, noch daß sie die Kortikosteroidproduktion der Nebenniere beeinflussen würde. HERZ betonte zwar, daß schon minimale Hormonmengen in der Lage wären, im Körper maximale Stoffwechseländerungen hervorzurufen, und es ist richtig, daß alle im Körper vorkommenden Hormone in einem unerhört miteinander verfilzten Wechselspiel von Koppelung und Rückkoppelung stehen. Die moderne Hormontherapie hat aber gezeigt, daß entgegen der Hoffnung von HERZ

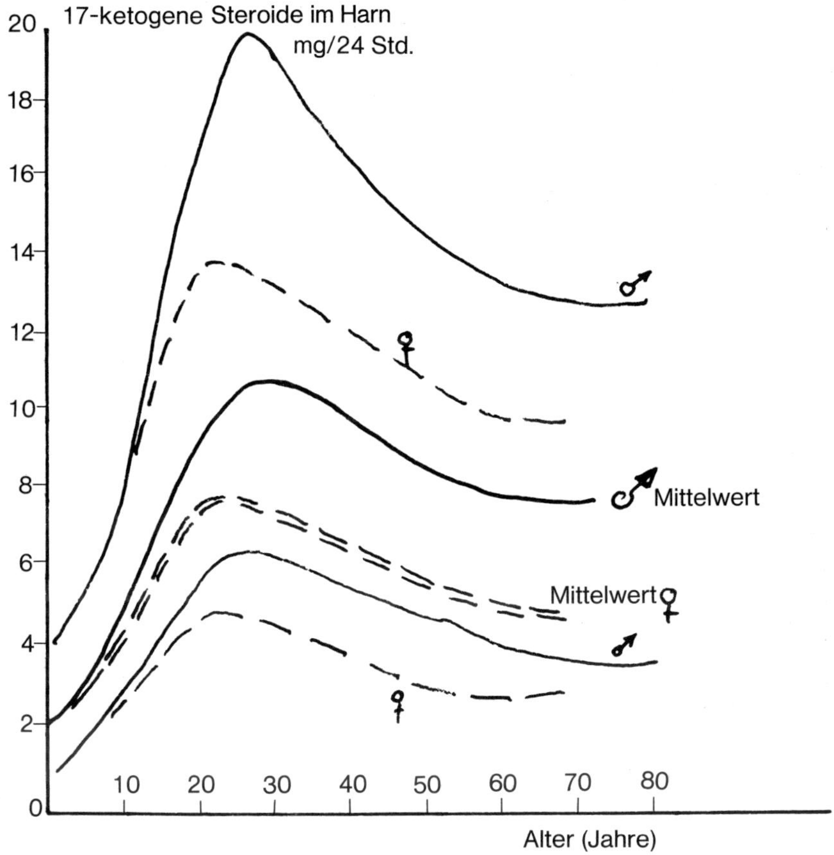

Abb. 1

zu therapeutischen Zwecken ganz erheblich größere Hormonmengen zugeführt werden müssen, als sie der Harn gelöst bietet. Zudem arbeitet der A-U-Therapeut mit oft nur einer einzigen Einspritzung, und schließlich wirkt therapeutisch nur der Eigenharn, nie der Fremdharn im geforderten Umfange.

Im Harn finden sich Östrogene, Gestagene, Testosteron, Choriongonadotropin während der Schwangerschaft in ungeheuren Mengen, Vasopressin, Oxytocin, Parathormon, Katecholamine, Renin usw. (siehe auch Abb. 1 und 2).

Abb. 2

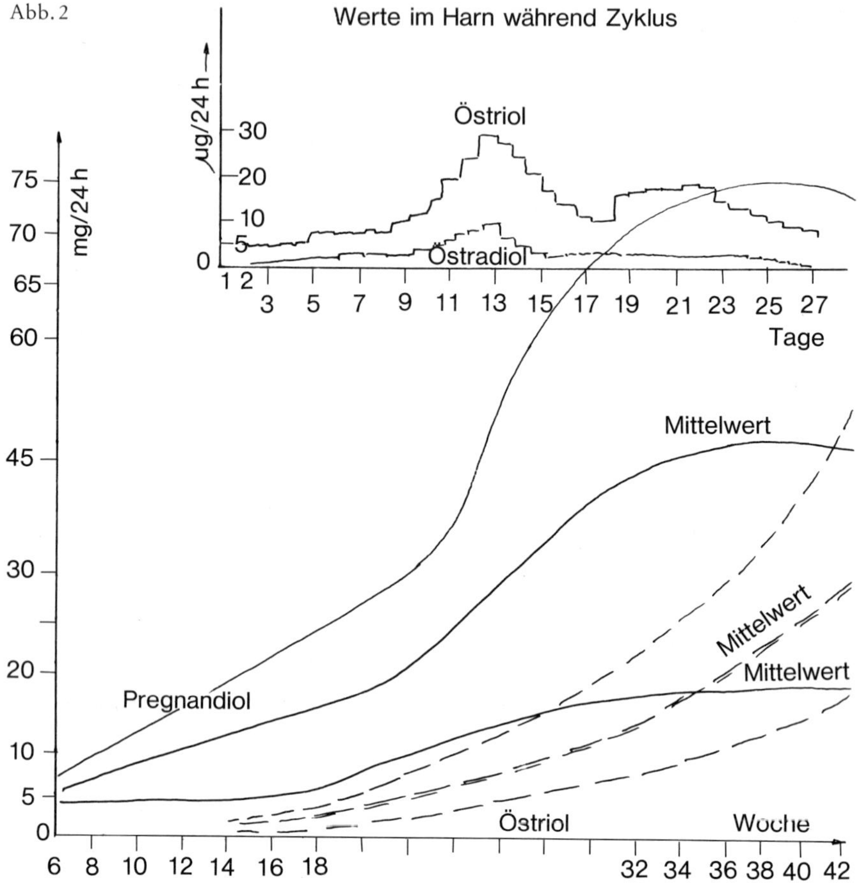

1.2 Aminosäuren

Das Gesamtgewicht der im Harn normalerweise ausgeschiedenen Aminosäuren beträgt pro Tag etwa 1337–3150 mg, davon ein Drittel als freie und der Rest in peptidartigen Bindungen. Die Ausscheidung ist nur wenig durch die Kostform beeinflußbar. Histidin finden wir zyklusabhängig mit einem Maximum nach dem Eisprung bis zum 20. Tag des Intermenstruums sowie vermehrt in der Schwangerschaft.

Histamin wird mit einem Wert von 6,1–19,0 mg/Tag ausgeschieden, Proteine finden sich normalerweise in der Größenordnung 420–528 mg/Tag. Die Angaben variieren einerseits je nach Meßmethode, andererseits nach dem Untersucher.

1.3 Zucker

Reduzierende Substanzen (allgemein Zucker) finden sich normalerweise zwischen 242 und 845 mg im Harn, organische Säuren in reichlicher Vielfalt.

1.4 Vitamine

Aus der Vielfalt der gefundenen Vitamine nenne ich:

Thiamin	800–2400 µg/24 Std.
Vit B 6	20–120 µg/24 Std.
B 12	31 ng/24 Std.
Vitamin C	10–100 mg/24 Std.

Cholesterol und Phospholipide werden mit 1,2–3,8 mg/die und mit 7,0–13,3 mg/die gemessen.

1.5 Minerale

Einen großen Bestandteil des Trockengewichtes machen die Mineralien aus, von denen eine Auswahltabelle der im Harn gefundenen Meßwerte folgend angegeben wird.

Chloride	120–240 mval/24 Std.
Phosphor	0,8–2,0 g/24 Std.
Schwefel	1,24–1,48 g/24 Std.
Bromide	3,0–8,5 mg/1
Fluoride	0,9–2,0 mg/24 Std.
Jodide	0,018–0,48 mg/24 Std.
Kalium	35–80 mval/24 Std.
Natrium	12–230 mval/24 Std.
Kalzium	130–330 mg/24 Std.
Eisen	40–150 µg/24 Std.

Andere gefundene Elemente sind z. B. Nitrate, Borat, Arsen, Quecksilber, Blei, Aluminium, Kadmium, Chrom, Kobalt, Nickel, Titan, Zinn, Wismut usw.

Von Bedeutung hielt HERZ die von FREY nachgewiesene Menge von ca. 300 E Padutin, einem Gefäßhormon, welches die Durchblutung bei peripheren Verschlußerkrankungen bessern kann und die Zuckerausscheidung im Urin beeinflußt. HERZ sah jedenfalls Besserungen der Zuckerausscheidung mancher von ihm behandelter Diabetiker, sowie Besserungen bei Claudicatio intermittens, Mb. Raynaud, Mb. Buerger, Angina pectoris vera und bei essentiellem Hochdruck. Es muß aber sogleich angemerkt werden, daß die Gabe des gereinigten Therapeutikums in keiner Weise an die verblüffende Wirkung weniger A-U-Injektionen herankommt und gleichzeitig muß angemerkt werden, daß keineswegs alle Patienten mit den soeben genannten Erkrankungen auf A-U-Therapie günstig reagieren!

Die selben Überlegungen gelten für die Beobachtungen bei Hochdruck im Zusammenhang mit dem Reninmechanismus und für die Steuerung der Wasserausscheidung und Harnkonzentration mittels der ebenfalls im Harn nachgewiesenen Hormone des HHL: Vasopressin und Oxytocin.

1.6 Antikörper und Antigene

Bedeutungsvoll und maßgebender für das Verständnis der A-U-Therapie könnte der Nachweis von Antigenen und natürlich von Antikörpern im Harn werden. Zumindest könnte man eine Entstehung von Immunität oder die erworbene Immuntoleranz durch Zuführung von durch den Harn möglicherweise leicht veränderten Antigenen diskutieren.

So könnte die Zufuhr von im Harn befindlichen Bakterien oder Parasiten die Bildung von IgE begünstigen. Das virushemmende IgA überwiegt auf Schleimhäuten und in Sekreten (Harn) und hat die Aufgabe, die Anlagerung von Mikroorganismen in Schleimhäute zu verhindern. Seine Bildung könnte durchaus mittels kontaminierter Harngaben stimuliert werden und die Besserung, welche so erfahrene Autoren wie CIMINO (Palermo 1929) und HERZ sowie ich selber in einigen Fällen therapieresistenter Harnwegsinfektionen gesehen haben, könnte darauf zurückgeführt werden.

Pentameres IgM tritt bei erhöhter (entzündlicher) Gefäßpermeabilität aus dem Serum des Blutes, aktiviert Komplement und hilft bei der Erstabwehr von Mikroorganismen.

Bei Patienten mit tubulärem Nierenschaden finden wir das Beta-Mikro-Globulin in größerer Menge im Urin.

1965 veröffentlichten Larson A. HANSON und Eng M. TAN am Rockefeller Institut New York eine Studie, in der sie zeigten, daß im Urin komplette und inkomplette Antikörper gegen Salmonellen, Diphtherie, Tetanus und Poliomyelitis nachgewiesen werden können.

1966 veröffentlichten M. W. TURNER und D. S. ROWE am Department für experimentelle Pathologie der Universität Birmingham eine Untersuchung über „Antikörper der IgA und IgG-Klasse in normalem Urin.

1983 schrieben die bereits erwähnten C. W. M. WILSON und A. LEWIS ihre Untersuchung über „einen physiologischen Selbstverteidigungsmechanismus". Sie berichteten, daß sublinguale Gaben der richtigen Dosis von Eigenharn allergischen Patienten ermöglichen, ihre Krankheit unter Kontrolle zu halten. Unter anderem steht dort wörtlich: „Autoimmune buccal therapy (AIBUT) is capable of controlling wide range of blood extrinsic and chemical sensitivity." Sie beobachteten also, daß ein großer Bereich von Empfindlichkeiten, hervorgerufen von chemischen und im Blut befindlichen Reizkörpern, durch diese Therapie in Schach gehalten werden könne.

Auch erhebt sich die Frage, ob der Urin nicht als eine Art Säfte-Hologramm verstanden werden könnte, welches – dem Körper in unüblicher Weise bewußt gemacht – intramuskulär rückgeführt, vom Organismus abgetastet und ausgewertet wird und wonach er seine eigenen Regulationsmechanismen (zumindest in gewissen Fällen) wieder aussteuert. Unwillkürlich drängt sich dem Beobachter das Wort des metaphysisch und sicher auch medial hochqualifizierten Arztes PARACELSUS vom „Inneren Arzt", dem Archäus auf.

1.7 Fermente

Natürlich finden sich Fermente im Harn. Aus dem Harn Gesunder wurde schon von DECASTELLO ein Ferment hergestellt, welches nach seinen Angaben bei Perniciosa erfolgreich einzusetzen war.

Pepsin, Trypsin, Amylase, Lipase, Maltase, Urokinase (ein Prostaglandin) wurden nachgewiesen. Aber auch hier erklären die ausgeschiedenen Mengen nicht die Wirkungen der A-U-Therapie, wenngleich man Fermente und Enzyme in zunehmendem Maße bei der Therapie resistenter Krankheiten einsetzt (zum Beispiel Präparate der Firmen Mucos oder Horvi).

Die Diagnostik hat sich allerdings diese Ausscheidungen längst zu Nutze gemacht und mehrfach Suchtests für noch immanente Stoffwechselerkrankungen und auf das immanente Stadium des Karzinoms darauf aufgebaut.

2. Gedanken über mögliche Zusammenhänge bei der Wirkungsweise der A-U-Therapie

Das Indikationsgebiet der Harnbehandlung war jahrhundertelang ungewöhnlich groß. Wir finden dieselbe Tatsache allerdings bei allen wirksamen Therapieformen, weil der Mensch dazu neigt, mit einem wirksamen Agens möglichst überall Erfolge zu erzwingen, vor allem dann, wenn er die Wirkungsweise des Agens nicht erkannt hat. Die Untersuchungen von HERZ und anderen haben allerdings schon frühzeitig erkennen lassen, daß es eine Harnbehandlung eigentlich nicht gibt, sondern nur eine *Eigenharnbehandlung.* Ihr fehlt nach wie vor jegliche wissenschaftliche Grundlage, dafür gibt es eine Fülle von Beobachtungen aus alter und neuer Zeit, und vielleicht läßt sich daraus irgendwann eine Synthesis zu ihrer Erklärung fügen.

Lassen wir getrost Hypothesen folgen, welche wiederum einige Beobachtungen erklärbarer machen und entschuldigen wir uns dabei mit den Worten C. G. JUNG's: „Eine Wissenschaftliche Wahrheit war für mich eine für den Augenblick befriedigende Hypothese, aber kein Glaubensartikel für alle Zeiten."

Wenn wir Aussagen über eine mögliche Wirkungsweise der A-U-Therapie treffen wollen, so können wir versuchen herauszufinden, welche Zustände bei den verschiedenen, durch Eigenharn beeinflußbaren Erkrankungen, gemeinsam vorhanden sind. Schon HERZ hat dabei den „Gefäßspasmus" oder einfach die spastische Komponente mehrfacher solcher Leiden hervorgehoben (Asthma, Migräne, Pertussis, Krämpfe). Neuere Untersuchungen erhärten, daß sich auch bei Urticaria und bei der Graviditätstoxikose solche Spasmen abspielen, welche schließlich eine intravasale Stase sowie Verdickungen der Basalmembran von Endothelien und einerseits dadurch Hypoporie der sonst selektiv durchlässigen BM (im Gefolge davon gegebenenfalls Hochdruck), andererseits entzündliche Ausschwitzungen (Fibrin-, Fibrinogenablagerungen) auf Oberflächen erzeugen. Solche „Ausschwitzungen" (lateinisch Exsudate) können sich auch ins Interstitium ergießen (Ödeme).

Am besten ist zu Lebzeiten von HERZ der Effekt der Eigenharnnosode auf die Graviditätstoxikose, besser Gestose genannt, untersucht worden. Er schreibt dazu:

„Den Ausgangspunkt meiner Untersuchungen bildeten die *Schwangerschaftstoxikosen*. Als Praktiker, mit ausgebreiteter geburtshilflicher Tätigkeit, hatte ich jahrzehntelang Gelegenheit, junge Mütter vom Beginn der Schwangerschaft an regelmäßig zu beobachten. Die Angaben in der einschlägigen Literatur, daß bei einem physiologischen Vorgang nur 50% aller Fälle vollkommen störungsfrei verlaufen sollten, konnten mich nicht veranlassen, den hilfesuchenden Patienten zu bedeuten, sie möchten sich damit abfinden – die Beschwerden würden nach einiger Zeit von selbst vorübergehen. Ich überzeugte mich von der mehr oder minder mangelhaften Wirkung aller möglichen angegebenen Medikationen und empfand es als niederdrückend, wenn es aller Sorge zum Trotz zu so schweren Toxikosen kam, daß schließlich die Frage der künstlichen Entfernung der Frucht ventiliert werden mußte.

Ich sah in den Gestosen ein Versagen der Stoffwechselregulationen.“

Meine eigenen Beobachtungen und Schlußfolgerungen führen mich zu der Überzeugung, daß bei der Entstehung aller Unverträglichkeiten sich im biochemischen Bereich abgestufte Prozesse abspielen, die nicht immer die äußerlich sichtbaren Anzeichen einer Allergie erreichen und dennoch den Organismus schwer beeinträchtigen. Wir sehen bei der Migräne zum Beispiel, wie gleichartige Symptome auftreten, die sich nur in der Intensität unterscheiden, bis hin zum HORTON-Syndrom mit allergischer Konjunktivitis und Schwellung der Nasenschleimhäute.

Die biochemischen Vorgänge bei ihr sind so gut wie abgeklärt: Ein potentes Allergen besetzt die an den Mastzellen fixierten IgE-Rezeptoren, die Mastzelle schüttet Histamin und proteolytische Enzyme aus, welche die Permeabilität der Gefäßwände erhöhen. Albumine treten ins Perivasculum, mit ihnen Wasser. Es kommt zu einem Wasserkissenphänomen im Bereich von Venen, kleinen Arterien und Nerven. Sicher werden durch den perivaskulären Druck die Strömungsverhältnisse in den kleinen (und durch das Zusammenhängen aller Endothelien gesteuert) sowie mit zunehmender Dauer des Anfalls auch in den größeren Gefäßen verändert. Es tritt – ob Spasmus oder Lähmung – grundsätzlich ein Sludgezustand mit nachfolgender Sauerstoffuntersättigung und Ph-Erniedrigung der Gewebe auf. Das autonome Endnervensystem wird gereizt. Schmerz tritt auf.

Die veränderten intrakapillaren Druckverhältnisse führen zur Beeinträchtigung der Thrombozyten und zu pathologischen Berührungen dieser mit den Endothelien. Dabei werden weitere gefäßaktive Substanzen frei: Prostazykline, Serotonin, Thromboxan-2, Kohlenmonoxyde.

Serotonin tritt aus den Thrombozyten und verläßt die Blutbahn. Die Gefäße erweitern sich und werden weiter wasserdurchlässig. Der Transitraum zwischen Gefäß und differenzierter Arbeitszelle vergrößert sich. Es kommt zur Versorgungs- und Entsorgungsstörung bis hin zum Mikroinfarkt.

Das ausgetretene Serotonin senkt die Schmerzschwelle der Nervenfasern, das perivaskuläre Ödem drückt die Lymphspalten zu und hindert Histamin, Allergene und sonstige Eiweißkomplexe am abfließen. Was sich im Bereich der zugrundegehenden Zellen – sowie Gefäßwänden: Mikroinfarkte (!) – weiter abspielt, ist unbekannt. Nach WENDT werden ja in den Basalmembranen der arteriellen Gefäßbereiche alle möglichen Eiweiße und vor allem Antigen/Antikörperkomplexe (Halbantigene) oder Eiweiß/Metallverbindungen (Vollantigene) gespeichert, z. B. der durch Auswaschmethoden nachweisbare Quecksilberamalgam/Eiweißkomplex. Der Krankheitsprozeß schaukelt sich auf. Je nach Höhe der Aufschaukelung sehen wir das Auftreten auch äußerer Zeichen der nicht angepaßten Regulationsstörung, also auch die typisch „allergische Reaktion".

2.1 Stoffwechselprobleme

2.1.1 der Gestosen

Bei Untersuchungen an der Gestoseplazenta finden wir, daß die Durchblutung des Gewebes bis zu 50% herabgesetzt ist. Die Arteriolen verharren in einem Dauerkrampf (Spasmus) oder dilatieren (Ektasie). In ihnen sowie in den Kapillaren kommt es zur Stase der zirkulierenden Blutflüssigkeit, eine Stase, die von Viskositätszunahme erheblichen Grades begleitet ist, so daß man diese möglicherweise an den Beginn der Erkrankung setzen muß (siehe später LAHMANN und WENDT). Im Gefolge der Stase kommt es zu Fibrin- und Fibrinogen-Ausschwemmungen auf die Zottenoberflächen (ähnlich wie solche bei der Arthritis – auch einer Stoffwechselerkrankung mit Eiweißmast-Unverträglichkeit – gefunden werden), zu Wasseraustritt aus den Gefäßen in den interstitiellen Raum (Ödeme), zu nachfolgender Gewebehypoxie, die schließlich zu Zotten- und Gewebenekrosen führen kann, wobei dann die hämorrhagischen Erscheinungen an der Gestoseplazenta erklärlich werden.

Fibrin oder Fibrinogen lagern sich – im Elektronenmikroskop zu sehen – auch an das rauhe Retikuloendothel der Zellen, in die Basalmembran und auch zwischen die Zellen. Von großem Interesse ist die Tatsache, daß nach Abbruch der Schwangerschaft auch schwere Gestosezeichen innerhalb von Tagen spontan verschwinden, was die blitzartige Wirkung der A-U-Therapie gerade bei dieser Erkrankung durchaus glaubhaft macht, wenn durch diese Therapieform die „Noxe“ blitzartig eliminiert wird.

Die übermäßige Bildung von Choriongonadotropin in den Langhansschen Zellen der Plazenta bei Gestose (und die entsprechende Ausschüttung im Harn) halte ich für den vergeblichen Versuch des Organismus oder besser eines spezifischen Teils desselben, die bedrohte Schwangerschaft zu retten, hormonell zu schützen.

Auch in der Niere finden sich Gefäßspasmen, Verdickungen der Basalmembranen, Schwellungen des Endothels mit Ischämie der Glomerula, Fibrinabscheidungen und Pfröpfe, also das Bild der Glomerulonephrose.

Die Leber zeigt Kapillarstasen, Ektasien und Spasmen mit Fibrinpfröpfen, nachfolgend Ischämie, die zu Kapillarrupturen und Hämorrhagien führen können. Desgleichen findet sich im Hirn der Gestosekranken eine durch Messungen bestätigte Erhöhung des peripheren Gefäßwiderstandes bis zu 50% (siehe Plazenta) aufgrund von Spasmen. Der aufmerksame Leser erinnert sich jetzt sicher an die gängige Theorie, welche die Migräneschmerzen erklärt: Spasmen und Paralysen mit Spannungsschmerzen der Hirnhautgefäße und Schädeladern!

Die Histologie der Nebennierenrinde weicht allerdings kaum von der einer normalen Schwangerschaftsdrüse ab. Aber man findet deutliche Zeichen der Streßeinwirkung (Steigerung der Hormonproduktion im Gefolge).

Auch im Herzen und in der Lunge finden wir bei Schwangerschaftstoxikose die bisher beschriebenen Befunde, so daß die Gestose als Ganzkörpererkrankung mit einheitlichen Organveränderungen angesehen werden muß.

Interessanterweise hat ein scharf nachdenkender Gynäkologe, H. LAHMANN, ausgangs des 19. Jahrhunderts die Komplikationen in der Schwangerschaft als Folgen der „diätetischen Blutentmischung“ angesehen und bei den Frauen seiner großen Praxis, welche sich an die von ihm verordneten diätetischen Regeln gehalten hatten, nie eine Gestose auftreten sehen. Dies steht nur scheinbar im Widerspruch zu den Aussagen heutiger Lehrbücher, welche von einer diätetischen Beeinflussung der Gestose nicht viel halten. Wenn die Gestose eine Stoffwechselstörung ist, die mit – wie ich aufgrund eigener Beobachtungen und der Forschungen von LAHMANN, WENDT und anderen glaube – einer zeitweiligen Unfähigkeit, tierisches Eiweiß ordnungsgemäß zu verstoffwechseln, einhergeht, so muß sie bei disponierten Personen eine längere Anlaufzeit haben, die so lange unbemerkt bleibt, bis der Organismus nicht mehr ausbalancieren kann und dann, nach Erschöpfung der eigenen Regelfähigkeit, relativ rasch entstehen. Sie kann dann auf ihrem Höhepunkt diätetisch kaum mehr beeinflußbar sein, aber sehr wohl kann ihr von Anfang an diätetisch vorgebeugt werden.

Auch der Streit um die Zuordnung der sogenannten Pfropfgestose fände nunmehr eine Lösung. Bei der Pfropfgestose handelt es sich um eine Gestose, welche sich auf einen bereits bestehenden Hochdruck „aufpfropft". Dieser Hochdruck ist meist „genuin", also in seiner Ursache ebensowenig erklärbar wie die Gestose selber, kann aber durch diätetische Vorbeugungsmaßnahmen langfristiger Art oft beherrscht werden und ist – wie WENDT beweist – ebenfalls eine Eiweißspeicherkrankheit.

In diesem Zusammenhang müssen nun die von WENDT/WENDT in den Jahren 1979/80 veröffentlichten Forschungsergebnisse gelesen werden. In ihren Ausführungen über die „Eiweißspeicherkrankheiten" und „Angiopathien" schreiben sie:

> „Wir konnten nachweisen, daß die Wände der Kapillaren als Eiweißspeicher dienen. Überschüssiges Nahrungseiweiß tritt zunächst ins Blut, das dadurch verdickt (Hämokonzentration) und zähflüssig wird. Die Endothelzellen nehmen überschüssiges Eiweiß aus dem Blut und scheiden sie als Kollagenmoleküle und Muco-Polysaccharide auf die Wände der Kapillaren ab (Elektronenoptik!). Die verdickte Kapillarwand wird hypoporig. Der Gewebespiegel der Nährstoffmoleküle hinter den Kapillaren sinkt. Regulatorische Hirnzentren erhöhen daraufhin die Nährstoffkonzentration in den Gefäßen, es steigt deren Filtrations- und Diffusionsdruck (Blutdruckerhöhung).
>
> Sinkt infolge der Basalmembran-Permeabilitätsminderung die kapilläre Wasserfiltrationsrate, so sinkt der hydrostatische Gewebedruck. Dieser Vorgang reizt (adäquater Reiz) die glatten Muskeln an den Außenseiten von Kapillaren, Renin auszuschwemmen und es entsteht der Zirkulus des Renin-Angiotensin-Mechanismus. Dabei werden die Arteriolen der Kapillaren mit einer verminderten permeablen Basalmembran weit geöffnet ... während die Arteriolen der noch nicht betroffenen Kapillarstromgebiete sich kontrahieren ..."

Decken sich diese elektronenoptisch gefundenen Aussagen nicht lückenlos mit den von anderen Autoren beschriebenen Befunden an der Gestoseplazenta bzw. an allen durch Gestose betroffenen Organen? Die ätiopathogene Reaktionskette beruht nach WENDT/WENDT auf einem Erbfaktor (siehe auch Pfropfgestosen) und einem Umweltfaktor (siehe auch LAHMANNS diätetische Blutentmischung). Der ätiologische Erbfaktor ist die Funktionsschwäche des Blutreinigungsmechanismus (partielle Endothelsubsuffizienz). Der ätiologische Umweltfaktor besteht nicht nur in einer alimentären Hyperproteinämie, sondern kann durch ei-

Erbfaktor: Funktionsschwäche oder lysosomale Eiweißabbauschwäche der Endothel-Epithel-Zellen von Kapillaren. Enzymschwäche des Harnstoffzyklus

↑ und

Umweltfaktor: Überernährung mit tierischem (Fremd)-Eiweiß
Zivilisationsnoxen wie Karzinogene und Immunogene

→

Verdickung und Verstopfung und Permeabilitätsminderung der BM mit Kollagen und Mukopolysacchariden

↓

Minderung der kapillären Filtrationsrate, dadurch relative Hypoxie und Malnutrition

↓

kompensative Hämokonzentration, erhöhter Strömungswiderstand, Regulierung durch Spasmus und Ektasie der Arteriolen und Kapillaren (Mikroangiopathie)

↓

Ablagerungen von Eiweißen auf Oberflächen, Wasserentzug aus Blutstrom

Tab. 1: Pathologische Eiweißspeicherung (nach WENDT/WENDT)

Generalisierter Arteriolenspasmus
und
Gefäßstase mit Ektasie
Wasserentzug, periphere Hypoxie

→ Kapillarschäden, Stase der Mikrozirkulation, pathologische Kapillarlücken, Fibrinablagerung im Rauhen ER. → Ödeme, Hämorrhagie

→ Nierenfunktionseinschränkung → Proteinurie, Hypertonus

→ periphere Widerstandserhöhung

→ Gewebe (Hirn/Leber/Niere/Plazenta/Auge) Minderdurchblutung → Krämpfe, Kopfweh, Hepatose, Retinaschäden, Plazentanekrosen/Fibrinablagerungen

Befunde bei der Gestose (nach SCHMITT-MATTIESEN)

ne Vielzahl von Zivilisationsnoxen gefördert werden. In diesem Zusammenhang erklärt sich vielleicht auch die Tatsache, daß die afrikanischen Negerinnen erheblich weniger an genuinem Hochdruck und Gestosen erkranken als die amerikanischen Negerinnen.

2.1.2 Stoffwechselprobleme des Asthmas u. ä.

Eine Vielzahl asthmatischer Patienten – und vor allem sind es hierbei wiederum die schon äußerlich korpulenten, also die Fülletypen, kann man mit strenger Diät, Fasten, Rohsaft nach WAERLAND und anschließend Bircher-Benner-Diät heilen. Die beste Unterstützung hierzu leisten hohe Darmeinläufe, welche freiwerdende Eiweißabbauprodukte aus dem Darm schwemmen und die meist überhöhte Zahl völlig unphysiologischer Darmbakterien (Eiweißspender! Bei ihrem normalen Absterbeprozeß werden erhebliche Mengen an Eiweiß frei!) vermindern. Auch die Reibesitzbäder nach KUHNE, welche ja einerseits die bei chronischer Eiweißmast stets zu findende Darmschleimhautentzündung lindern, andererseits ein ideales Gefäßtraining des gesamten Körpers mit nachfolgender Stoffwechselverbesserung darstellen, haben Autoren wie ROSENDORFF, RAUCH, ABELE et al. bei der Behandlung des Asthma bronchiale hervorragend geholfen.

Patienten mit schwerem, chronischem Heuschnupfen, Nierenleiden, unerklärbarem Wasserstau, klimakterischen Hitzen, chronischen Infektionen, akuten Kinderkrankheiten sowie plethorische Amenorrhoiker – alles Erkrankte, welchen HERZ und andere A-U-Therapeuten mit der Eigenharnnosode helfen konnten – reagieren ebenfalls gut auf die „Behandlung der diätetischen Blutentmischung“ oder heute besser gesagt auf die Behandlung der Hämokonzentration und Hyperproteinämie.

Warum die Eigenharnnosode in den geschilderten Krankheitsfällen hilft, warum sie gerade bei der Gestose so vorzüglich hilft, bei anderen durch sie beeinflußbaren Leiden aber nicht mit Regelmäßigkeit (wenngleich oft auch in frappanter Weise bei veralteten Leiden), ist durch die vorliegenden Ausführungen nicht geklärt. Aber es scheint sich abzuzeichnen, daß sie auf die Zusammensetzung des strömenden Blutes, auf die Viskosität einen Einfluß hat oder die Endothelzellen der Kapillaren beeinflußt. Eher schon kann man festsetzen, daß je akuter ein Leiden ist, oder je eher dieses Leiden noch im Bereich der Selbstregulierungsfähigkeit des Organismus steht, es mit Eigenharn – manchmal geradezu wie weggezaubert werden kann.

2.2 Immunologische Überlegungen

Wenden wir uns den übrigen Erkrankungen zu, welche mit Eigenharn beeinflußbar sind, so finden wir Allergien, wie Milchschorf, Pruritus, allergische Handekzeme, welche der Neurodermatitis nahestehen, Urtikaria und Sonnenbrand (Sonnenallergie). Die Beobachtung zeigt, daß Menschen, welche sich bewußt von Kindheit an mit Vollwertkost ernähren, wovon ein Drittel mindestens roh sein sollte, de facto weniger an solchen Leiden erkranken (siehe vorheriges Kapitel). Aber sollte die Eigenharntherapie bei der Behandlung dieser Erkrankungen nicht auch in den Immunstoffwechsel eingreifen können?

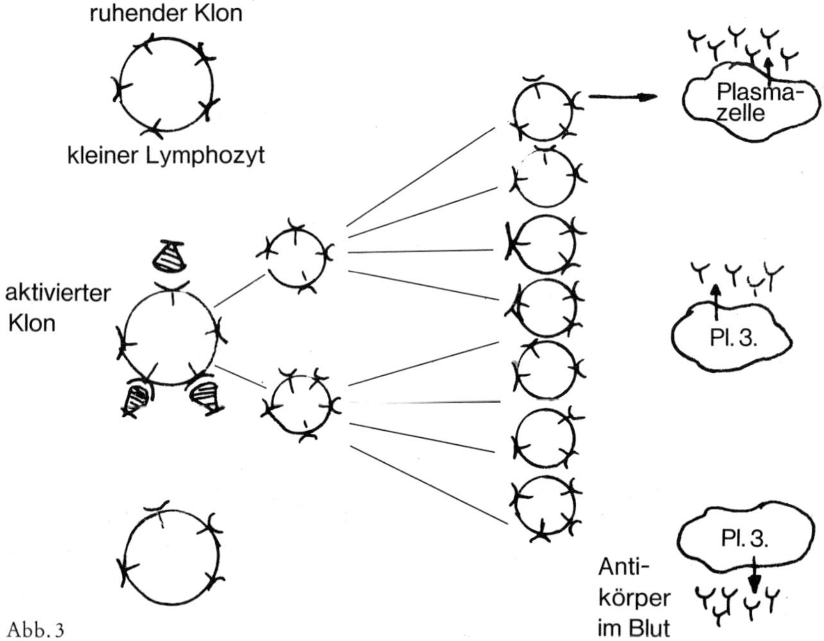

Abb. 3

Dies ist durchaus denkbar in Fällen, wo es darum geht, den Körper bei der Bekämpfung von bakteriellen oder Virusinfektionen zu unterstützen. Im wesentlichen wird die Wirkung dann so sein, wie sie bei intrakutaner oder intramuskulärer Impfung von abgetöteten Bakterien oder Virusteilen geschieht: eine Stimulierung des Immunsystems. Hierbei fanden aber schon HERZ und CIMINO eine besondere Wirkung bei Infektionen der

Harnwege. Es könnte also sein, daß das chronisch entzündete Harnwegsepithel nicht mehr oder nur ungenügend immunaktive Zellvalenzen besitzt, so daß sich eine lange symptomarme Bakteriurie abspielt (bis hin zur chronisch-symptomlosen Pyelitis und Schrumpfniere), aber daß die altero loco zugeführten immunogenen Invasoren eine kräftige und zunehmende Immunantwort hervorrufen. Zudem nimmt die humorale Immunantwort ihren Anfang regelmäßig in einem peripheren lymphatischen Organ (daher der Vorzug der intramuskulären und noch besser intrakutanen Rückführweise). Die im Harn vorhandenen Säuren und Enzyme mazerieren dazu noch die ebenfalls vorhandenen, ausgeschiedenen Antigen/Antikörperkomplexe bzw. IgG, IgE und IgA-Eiweißketten. Sie liegen im Serum in gefältelter Form (wie eine geschlossene Ziehharmonika) vor. Desgleichen die Polypeptidketten immunogener Moleküle (Bakterien/Virenreste, Pollenreste, Schwermetall/Eiweißverbindungen usw.). Die meisten ihrer in den P-Ketten liegenden immunogenen Epitope sind so verborgen und dem Angriff der auf den Antikörperbildnern liegenden Paratope unzugänglich. Die Mazeration öffnet diese Fältelungen. Die Folge wäre eine Bildung von verschiedenen Antikörpern mit hoher Avidität.

Einerseits wird eine drastische Antikörperverbesserung gegenüber eingedrungenen Viren und anderen Fremdeiweißen (Pollinose, Keuchhusten usw.) gewährleistet; andererseits würden neue Antikörper gegen ein Übermaß an im Serum schwimmenden Antigen-Antikörperkomplexen gebildet und drittens neue Antikörper gegen Antikörper. Das hätte zur Folge, daß im Übermaß gebildete Antikörper abgefangen würden, ehe sie zusammen mit aktiviertem Komplement eine Immunvaskulitis und unter Umständen eine Allergie vom Typ III bzw. eine Autoaggression induzieren.

Eine weitere Überlegung macht denkbar, daß die im Harn vorhandenen Immunogene durch Rückspritzung zusammen mit Harn eine Verstärkung im Sinne der Adjuvans-Theorie erhalten. So zum Beispiel kennen wir die experimentell besonders wirkungsvolle Applikation von Immunogenen in Form einer Emulsion mit Mineralöl (FREUNDsches Adjuvans).

Auch die Dosis des Immunogens vermag den Ablauf einer Immunantwort entscheidend zu beeinflussen. So vermögen zahlreiche Proteinantigene in einer Dosis von einigen Milligramm die Antikörperproduktion kräftig anzuregen, höhere oder niedrigere Dosen können sie unter Umständen dagegen paralysieren (R. KELLER). So wäre denkbar, daß durch die A-U-Applikation in der von HERZ gefundenen Weise gerade die entscheidende Dosis gefunden worden wäre.

2.3 Immuntoleranz

Unter Immuntoleranz verstehen wir die Fähigkeit eines Organismus, wirtsfremde Immunogene zu tolerieren. Versuche haben gezeigt, daß man dann eine solche Toleranz herbeiführen kann, wenn das Antigen vor der Reife des Immunsystems eingeführt wird. Man nimmt an, daß der Kontakt mit dem Antigen-Epitop nicht zu einer Proliferation, sondern zu einer Ausschaltung oder zu einer Unterdrückung von Lymphozytenklonen führt, welche das komplementäre Paratop aufweisen (siehe Abb. 3). Es gibt im Experiment aber auch Beweise für eine *erworbene* Immuntoleranz. Die Toleranzinduktion gelingt leichter mit schwachen, den Wirtseiweißen strukturell nahestehenden Antigenen. So sind gelöste, monomere Gammaglobuline üblicherweise tolerogen, aggregierte dagegen immunogen. Extrem niedrige Antigendosen können die Immuntoleranz auslösen, ein Booster-Effekt bleibt also aus, was man bei der Behandlung von Heuschnupfenerkrankten mit Eigenharn öfter beobachten kann: Nach oder trotz wiederholter Exposition schwächt sich die Antigen-Antikörperreaktion mehr und mehr ab. Noch ist nicht sicher, ob es sich hierbei um eine Toleranz handelt und wenn ja, ob diese dauerhaft oder passager ist.

Auf jeden Fall ist die Entwicklung einer Immuntoleranz ein aktiver Prozeß des Organismus und da Erkrankungen wie Hausstaubasthma oder Heuschnupfen nicht universal sind, es also eine *angeborene* Immuntoleranz des Organismus gegen eine Vielfalt von in der Natur vorkommenden Antigenen gibt, wäre zu diskutieren, ob die A-U-Injektion nichts anderes bewirkt, als eine Rückführung des plötzlich Antikörper produzierenden Organismus auf seine eigentlich angeborene Toleranz. Die macerierende Eigenschaft des Harnes bricht auf alle Fälle die komplexen polymeren Eiweißketten der Immunglobuline und Antigenglobuline in monomere Kleinbruchstücke. Diese bauen im Organismus eine anwachsende Immuntoleranz auf.

Jedoch soll diese Einschränkung nicht etwa heißen, daß ohne analytisches Vorgehen niemals auf die Wirkungsmechanismen einer Therapieform geschlossen werden dürfe. Darum soll ein Ausspruch des wohl universalsten Arztes seiner Zeit, Prof. August BIER, dieses Kapitel beschließen: „Jede Wissenschaft hat zwei Mittel der Erkenntnis und des Fortschrittes, Analyse und Synthese, Trennung und Verbindung. Diese müssen stets harmonisch vereint sein."

3. Technik der Eigenharntherapie

3.1 Injektionstherapie

An erster Stelle seiner Erfolgsliste mit der A-U-Therapie sah HERZ immer die *Graviditätsoxikose* sowie das *Schwangerschaftserbrechen.* Der schlagartige Erfolg bei seinem ersten Versuchsfall löste die Anwendung der Methode bei gleichgearteten aus. Die Überlegung, Eigenharn zu spritzen, kam ihm übrigens, nachdem er gelesen hatte, daß im Harn der Schwangeren ein Schwangerschaftshormon in großer Menge unverändert ausgeschieden würde und er hoffte, durch Rückführung desselben eine artspezifische Wirkung auf eine vermutete Dysharmonie zu erreichen.

Als Zufallsbefund erfuhr ein gleichzeitig vorhandener asthmatischer Zustand im Verlaufe der Behandlung bedeutende Besserung. Fortan wandte HERZ Eigenharn bei *Asthma bronchiale* an sowie bei verschiedenen allergischen Zuständen. Besonders schien ihm der bei Asthma vorhandene *Bronchospasmus* günstig zu reagieren, so daß er andere spastische Zustände, wie *Laryngospasmus, Pylorospasmus* und *Pertussis* mit der A-U-Nosode erfolgreich behandelte. Natürlich hatte HERZ auch Gelegenheit, bei stillenden Müttern Folgen von Gestose und auch Asthma zu behandeln. Hierbei fiel ihm auf, daß dabei in entsprechenden Fällen ein *Milchschorf* des Säuglings schlagartig abheilte. Diese Beobachtung konnte er in einer Reihe von Fällen immer wieder anstellen. Von der Behandlung hormoneller Störungen bei Graviden ausgehend, behandelte HERZ auch *Amenorrhö, Dysmenorrhö* und klimakterische Ausfallserscheinungen, wie vor allem *Hitzewallungen* offenbar erfolgreich mit Eigenharn. Schließlich brachten ihn die Arbeiten SCHÜRER-WALDHEIMS auf die Therapie bei *Allgemeininfekten,* die Untersuchungen CIMIONIS auf die *Harnwegsinfektionen,* französische Autoren auf *Ekzembehandlungen* und KREBS auf die Therapie bei Kindern, z.B. auch bei *Colitis mucosa.*

Technik der A-U-Injektion

Unter Eigenharnbehandlung verstehen wir die Rückverleibung kleinster Mengen frisch ausgeschiedenen Urins, um krankhafte Prozesse günstig zu beeinflussen.

Da der Harn, wie wir gesehen haben, zu keiner Stunde des Tages die gleichen Inhaltsstoffe aufweist und im Krankheitsfalle immer bestimmte Wirkstoffe vermehrt enthält, muß man bei seiner Gewinnung bestimmte

Regeln beobachten. Im allgemeinen kann man den ersten Morgenurin verwenden, da der Harn besonders in den Stunden nach Mitternacht sehr konzentriert ist. Bei Patienten mit nächtlicher Polyurie wird man eher die Harnportionen zwischen Mitternacht und 4 Uhr früh verwenden.

Beim Asthmakranken wird der Harn auf der Höhe des Anfalls gewonnen und sofort wieder eingespritzt.

Beim Migränekranken entnahm HERZ den Harn im Stadium der Prodromi, also wenn sich das Flimmern vor den Augen eben bemerkbar machte. Zu einem späteren Zeitpunkt erwies sich die Behandlung als sinnlos, desgleichen im migränefreien Intervall.

Beim Heuschnupfenkranken entnahm HERZ nach vielen Versuchen den Harn erst nach einer gründlichen Exposition des Kranken mit dem Heuschnupfen auslösenden Agens. Er ließ zum Beispiel die Kranken vor der Behandlung erst durch eine blühende Wiese gehen, solange bis sie – wie es im Volksmunde heißt – „Rotz und Wasser heulten".

Die von diesen Harnproben zur Therapie benötigten Mengen werden sterilisiert. Es darf nicht übersehen werden, daß besonders krankheitsgeschwächte Patienten einer exogenen Infektion gegenüber anfällig sein können, und man vermeidet bei der Sterilisation des Harns mit Sicherheit einen Spritzenabszeß.

HERZ empfahl die Verwendung von acidum carbolicum liquefactum purissimum (Fa. Merck) und setzte etwa 5 ccm Eigenurin einen Tropfen der Sterilisationslösung bei, die er gut vermengte oder einige Zeit einwirken ließ. Da Phenol zunehmend in den Verdacht gerät, ein Cocarzinogen oder Schlimmeres zu sein, soll man diesen Rat überdenken. Bei der zunehmenden Exponierung des Europäers gegenüber Allergenen – und da die EU-behandlungsfähigen Erkrankungen Allergien darstellen –, verwende ich selber Phenol nicht mehr.

Therapeuten, welche Phenol ablehnen, kochen die benötigte Urin-Menge in einem Reagenzglas über dem Bunsenbrenner mehrfach auf.

Massive Verunreinigungen kann man durch Zentrifugieren oder Filtrieren beseitigen (z. B. Harn bei Periode oder überstarke Urat- oder Eiweißbeimengungen).

Die therapeutische Menge Eigenharn beträgt bei der 1. Behandlung immer 0,5 ml. Üblicherweise wird sie intramuskulär eingespritzt. Die Injektion ist von einem leicht brennenden Schmerzgefühl begleitet, weshalb man einige Tropfen Impletol oder Xylocain zusetzen kann. Bei jeder weiteren Injektion wird gewöhnlich um 0,5 ml. gesteigert, bis zu einer Gesamtmenge von etwa 5,0 ml, die fast nie erreicht wird, weil die Patienten bereits nach 2–3 Injektionen meist von ihren Beschwerden befreit sind.

Weitere Injektionen erfolgen bei allergischen Erkrankungen in Abhängigkeit von der Erstreaktion. Kommt es zu keiner Besserung durch die erste Spritze, wird am folgenden Tag und gegebenenfalls am dritten die Dosis erhöht. Kommt es zu einer Besserung, wird bis zum Plateau abgewartet bzw. bis zu dem Zeitpunkt, wo eine Wiederverschlechterung eintritt. Dann wird die zweite Dosis gegeben.

Ältere und besondere Verfahrensweisen:

BEUCHELT behandelte die Schwangerschaftstoxikosen mit *intrakutanen* Einspritzungen von Eigenharn. Er verwendete stets ungekochten, frisch gelassenen Morgenurin der Patientin, mit der er eine Quaddel von etwa 1 cm Durchmesser setzt. Die ersten Einspritzungen machte er täglich (3–5), dann folgten etwa 3 Einspritzungen mit 1 Tag Pause, schließlich 2 Einspritzungen wöchentlich usw. Wegen der zuweilen angegebenen Schmerzhaftigkeit der Intrakutaninjektion und der anscheinend weniger schnell einsetzenden Wirkung nahm HERZ davon Abstand, diese Behandlungsart zu erproben.

GEIGER verdünnte sehr eiweißhaltigen Urin mit physiogischer Kochsalzlösung 1:10, 1:20, aber auch jeden Harn im Verhältnis 1:1, 1:0,5. Dann setzte er zunächst eine intrakutane Quaddel, um gleichzeitig 0,3 ccm subkutan zu injizieren und steigerte alle 3–5 Tage um 0,1–1,1 ccm. Bei sich länger hinziehender Behandlung gab er jede 3. und 4. Injektion intravenös.

Dr. med. Horst KIEF hat in den vergangenen Jahren eine Desensibilisierungsmethode entwickelt, die AHIT (autohomologe Immuntherapie), welche neben besonders aufgearbeiteten Blutglobulinen auch die im Harn zu findenden Globuline mitverwendet und dem Körper modifiziert zurückführt, um sein Immunsystem zu modulieren. KIEF geht u.a. davon aus: „in der Endphase einer jeden Immunantwort kommt es zur Bildung von Immunkomplexen, Gebilden aus wenig Antigen und noch relativ zu viel Antikörpern. Die Größe, Zahl und Dauer der zirkulierenden Immunkomplexe entscheidet darüber, ob es sich noch um eine physiologische Nachschwankung nach einer Immunantwort handelt oder um eine krankhafte. Bei zu großen, zu vielen und zeitlich zu lang wirkenden kommt es über eine Aktivierung der Komplemente zur Immunvaskulitis und u.U. zur Allergie vom Typ III und/oder zur Autoaggression. Warum nicht bei allen Menschen krankheitsanzeigende Störungen im Immunsystem auftre-

ten, wenn die oben genannten Schwankungen auftreten, kann damit begründet werden, daß es eine Vielzahl von gegenregulatorischen Maßnahmen gibt und nur bei Summationsstörungen in folgenden Systemen die Netzwerksteuerung versagt:
Verminderung der Supressorzellen oder/und ihre funktionelle Minderwertigkeit.
Permanente Antigenzufuhr.
Rückkoppelungsstörung zwischen IgM-, IgG- und/oder IgE-produzierenden Plasmazellen.
Ungenügende Bildung anti-idiotypischer Antikörper.
Unphysiologische Bildung von Immunkomplexen und unaufhörliches Zirkulieren von solchen mit bestimmter qualitativer Zusammensetzung und Tendenz zur Komplementaktivierung.
Ungenügende Clearance von Immunkomplexen wegen insuffizienter Freßzellen (Makrophagen)."

3.2 Klysmen mit Eigenharn

FISCHER wandte statt der Injektionen wie auch KREBS Eigenharnklistiere an. Er gab morgens nach dem Stuhlgang (evtl. nach Kamilleneinlauf) und abends das Urinklysma mit einer 20 ccm Rekordspritze mit Knopfkanüle und verwendete dabei ebenfalls den Frühurin. Er begann mit 2mal täglich 15 ccm und beobachtete in der Mehrzahl seiner Fälle das Aufhören des Schwangerschaftserbrechens und die Besserung des Allgemeinbefindens nach 3–4 Tagen.

Vergleichsversuche mit der Klistierbehandlung und der von HERZ geübten Einspritzungsmethode überzeugten ihn von der ungleich schnelleren und anhaltenderen Wirkung der letzteren. Dasselbe stellte er auch bei anderen Erkrankungen fest; dies findet seine Erklärung wohl in der mangelhaften Resorptionsfähigkeit des Dickdarmes.

Es bleibt somit dem einzelnen Therapeuten überlassen, welcher Behandlungsform er aufgrund eigener Überlegungen den Vorzug gibt. Ich selber möchte aus eigener Erfahrung noch folgende Verwendungsmöglichkeiten hinzufügen:

3.3 Orale Eigenharntherapie

Dieses Kapitel wird sich in seiner Gesamtheit vom übrigen Text des Buches absetzen. Da ich weiß, daß zunehmend Laien sich über die orale

Form der Eigenharnbehandlung informieren und da sie die für Laien am einfachsten auszuführende Handhabung ist, räume ich ihr recht breiten Raum ein.

Die orale Eigenharntherapie hat ihre Wurzeln in uralter Zeit und ist weltweit in der Volksmedizin bekannt. Wie in der Ayurveda, der ältesten indischen Medizinliteratur, ist die Eigenharntherapie in verschlüsselter Form in den Ägyptischen Papyri ebenso wie in den vorchristlichen Essener Handschriften erwähnt und als Allheilmittel gepriesen. Es ist höchst unwahrscheinlich, daß man der Heilkunde, die seit je unter die wichtigsten Künste der Kultur und Zivilisation gereiht wurde, damals einen geringeren Stellenwert als der Mathematik und der Philosophie zugeschrieben hat. So haben sich mit Sicherheit damals die besten „Köpfe" mit ihr befaßt und scharfsinnige Beobachtungen aufgestellt, welche mit den heutigen „klinischen Dokumentationen" konkurrieren können. Die orale Eigenharntherapie also unbesehen in die Ecke einer „Dreck- und Schmutz-Apotheke" zu stellen, zeugt eher von blasierter Dünkelhaftigkeit, als von echtem Forschertum oder auch nur echter Neugier.

Die Journalistin CARMEN THOMAS hat 1993 ein Buch über diese Therapieform – vermengt mit anderen Möglichkeiten, den Harn zu verwenden – herausgegeben, nachdem sie jahrelang Gespräche mit Praktizierenden geführt und sogar eine Radiosendung mit ungeheurem Echo inszeniert hatte.

Im selben Jahr hat die Apothekerin INGEBORG ALLMANN die derzeit greifbare indische und englische moderne Literatur über die orale A-U-Therapie durchgemustert und das wesentliche davon in einem Büchlein niedergelegt. Ihre eigene Krankengeschichte wird Bestandteil dieses Kapitels sein.

3.3.1 Was ist Harn und woher stammt er?

Eigenharntherapie bedeutet eigentlich Eigenbluttherapie in modifizierter Form. Harn entsteht als Ultrafiltrat (Mehrfachfiltrat aus dem Blutserum) in den Nieren. Beimengungen irgendwelcher Art können höchstens durch Verunreinigungen im Bereich der äußeren Geschlechtsteile dazukommen. Natürlich kann der Harn von Kranken – bei Nieren- und Blasenentzündungen besonders – auch Bakterien enthalten. Die bakterielle Besiedlung des Darmes jedoch beträgt ein fast undenkbares Vielfaches davon: man schätzt sie auf eine Zahl von 10^{16}. Das bedeutet, daß wir im

Darm hundertmal mehr Bakterien tragen, als der eigene Körper überhaupt Zellen enthält.

Die zwei Nieren liegen seitlich im Bereich der Flanken in einem Fettkörper und sind von hinten durch den Psoasmuskel geschützt, von vorne durch den darüberliegenden Darm (siehe nachfolgendes Bild).

Sie sind ca. 10 bis 12 cm lang, 6 cm breit und 3–4 cm dick und wiegen ca. je 120 bis 200 Gramm. Zu ihnen führen je eine dicke Nierenarterie, welche das zu reinigende Blut einbringt, und von ihnen weg geht je eine dicke Vene, welche das gereinigte Blut in den Kreislauf zurückbringt. Insgesamt

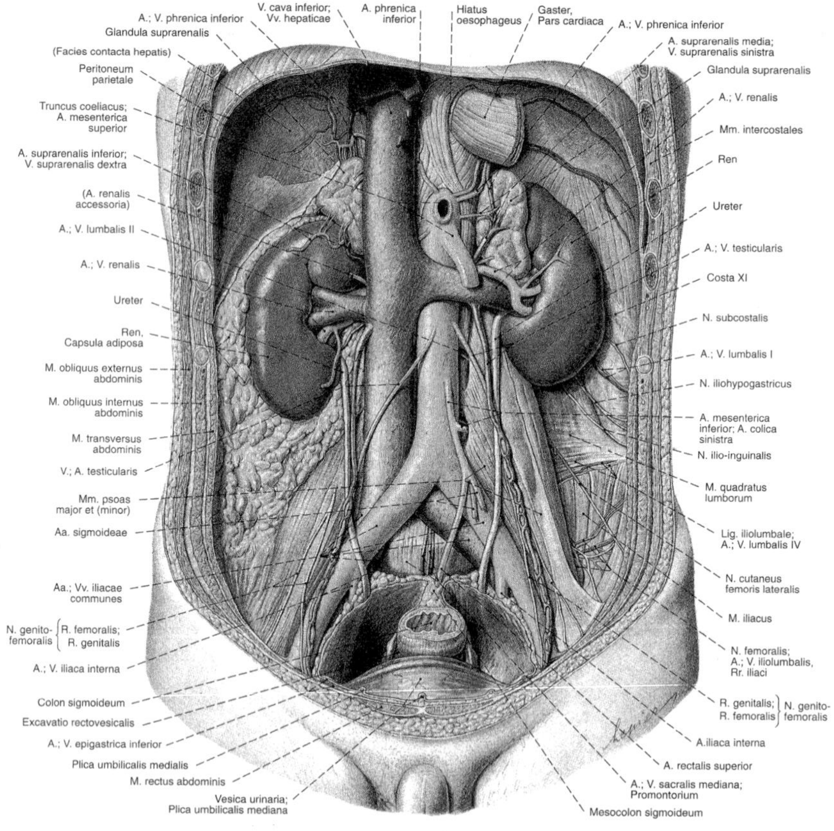

Abb. 4: Lage der beiden Nieren im Bauchraum. Man sieht, wie sie an große Blutgefäße angeschlossen sind. (Aus: Sobotta, Atlas der Anatomie des Menschen, 20. Aufl., Urban & Schwarzenberg, München–Wien–Baltimore 1993)

werden beide Nieren pro Tag von ca. 2000 Liter Blut durchflossen. Wenn man annimmt, daß eine Badewanne 120 Liter Wasser faßt, so reinigen beide Nieren an einem Tage 16 Badewannen voll Blut. Diese beiden Hauptadern verästeln sich in der Nieren„rinde" (Dicke ca. 2 cm) in 6 Millionen kleinster Adernknäuelchen, Nierenkörperchen, auch Glomerula genannt. Sie haben die Funktion eines Siebes, denn in ihnen werden die Blutkörperchen zurückgehalten und nur das Blutwasser in die nachfolgenden Nierenkanälchen weitergeleitet. Die Glomerula hängen dazu wie eine Traube in einer allseits geschlossenen Höhle, die nur eine Öffnung nach „unten" hat, nämlich den Eingang zum Nierenkanälchen, dem Tubulus (contortus et rectus proximalis).

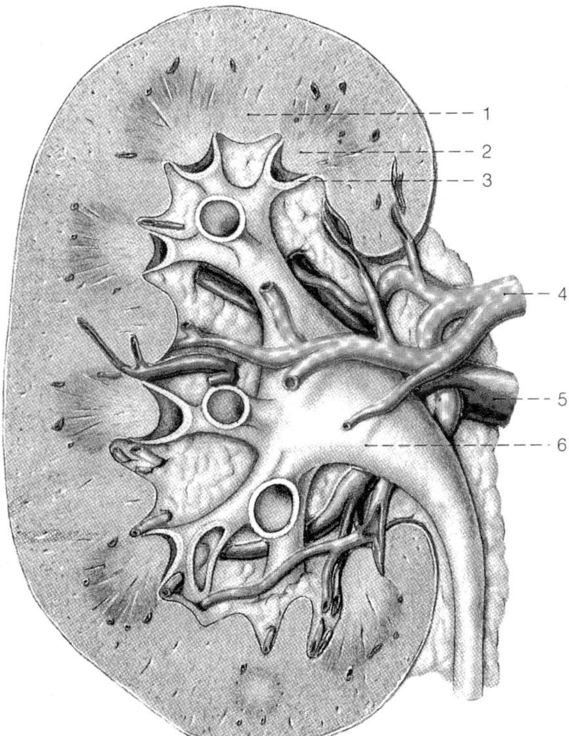

Abb. 5: Angeschnittene Niere, wobei die Blutgefäße entfernt sind. Man sieht das Nierenbecken und den oberen Teil des Harnleiters. (Aus: Benninghoff, Anatomie. Mikroskopische Anatomie, Embryologie und Histologie des Menschen, 15. Aufl. in 2 Bdn., Urban & Schwarzenberg, München–Wien–Baltimore, 1994. Gezeichnet von G. Spitzer)

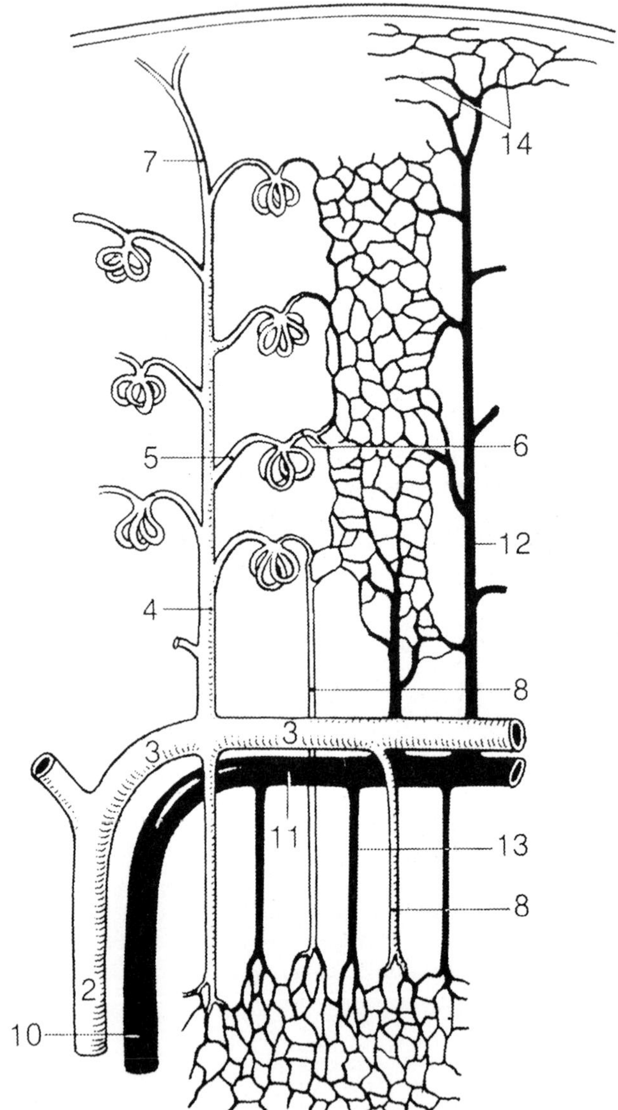

Abb. 6: Die Nierenkörperchen (Glomerula), als feinste arterielle (helle) Blutgefäßknäuel. Sie entstammen letztlich der Arteria renalis. Am Knäuelende beginnt der venöse Teil, der sich mit den anderen im Nierenmark vorhandenen Venen (schwarz) verbindet und in die große Nierenvene (Vena renalis) abfließt. (Aus: Heinz Feneis, Anatomisches Bildwörterbuch. Thieme Verlag, Stuttgart 1993)

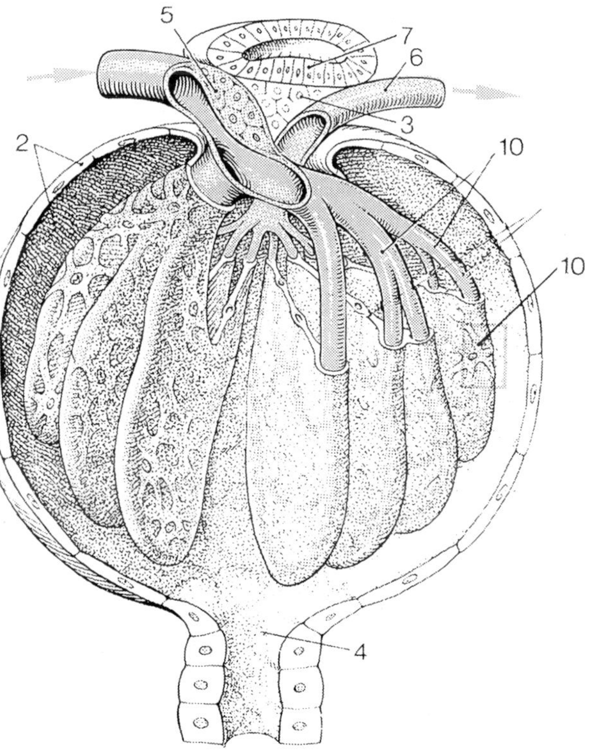

Abb. 7: Das Nierenkörperchen (Glomerulum) als feinster Gefäßknäuel. In ihm kommt es zum Abpressen der 180 Liter Primärharn (Blutwasser) in die Bowmann'sche Kapsel (Auffangapparat), an deren Öffnung der obere Teil des Tubulussystems mit seinen vielfältigen Rückholsystemen beginnt. (Aus: Leonhard, Taschenatlas der Anatomie, Band 2, Innere Organe, Thieme Verlag, Stuttgart 1991. Gezeichnet von G. Spitzer)

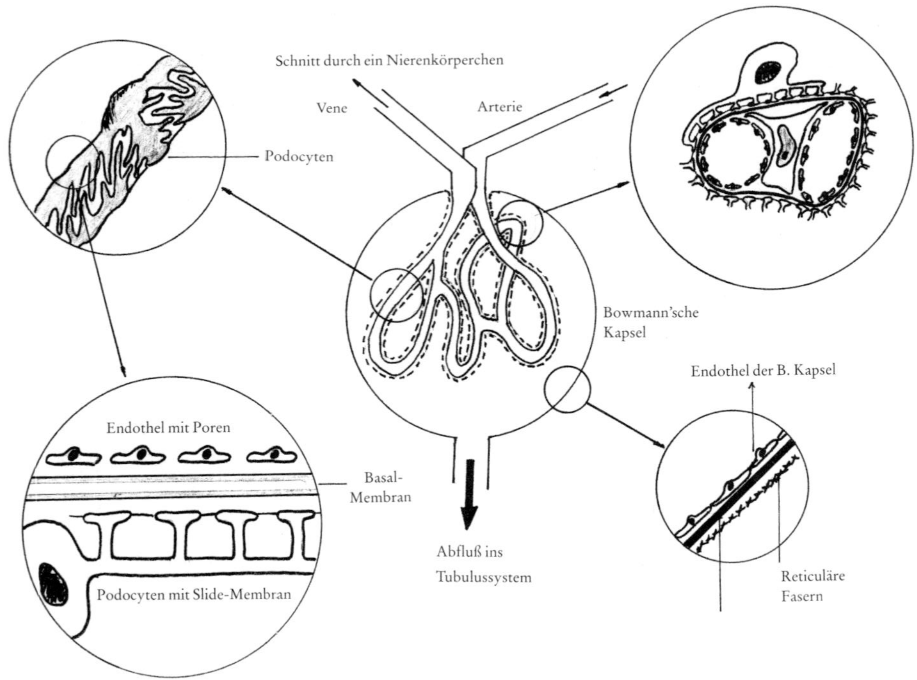

Abb. 8: Die Feinstruktur des Glomerulums (Schemazeichnung). Sie ist das Blutwasserfilter. Durch sie hindurch gehen aber auch viele wichtige Blutbestandteile, welche der Körper nicht verlieren darf. Im Krankheitsfalle kommt es jedoch stets zu einer Vielfalt von Verlusten, die dadurch bedingt sind, daß das Filter der Glomerulum-Kapillaren (Feinstäderchen) poröser wird. Es besteht aus drei Schichten:

1. der Endothelschicht mit Poren (Sieb),
2. der Basalmembran, welche eher ein elektromagnetisches Filter darstellt,
3. den Podocyten mit der Slide-Membran (osmotisches Filter).

Schematische Darstellung des Nephrons

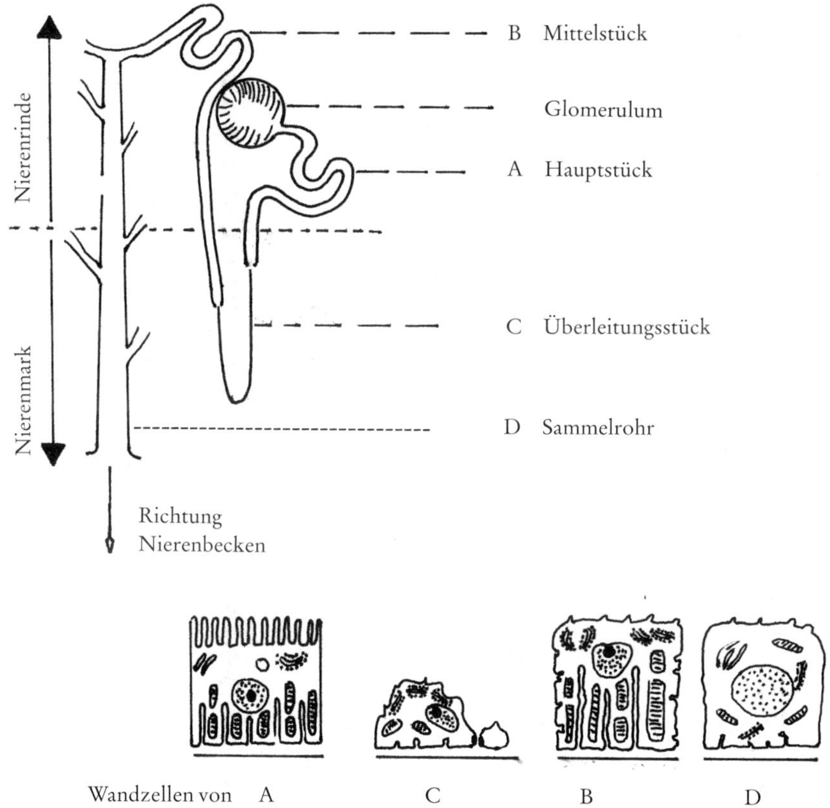

Man beachte die unterschiedlichen Strukturen, funktionsabhängig.

Abb. 9: Schematische Darstellung des Nephrons. Es ist das Tubulussystem, in dem der Primärharn zum Endharn eingedickt wird. Die unterschiedlichen Zellformationen in den Wänden der einzelnen Tubulus-Abschnitte zeigen recht deutlich, daß in den verschiedenen Abschnitten dieses „Rückhol- und Austauschfilters“ verschiedene Arbeiten geleistet werden. Ihre Struktur ist also von der Funktion abhängig. Krankheiten können sie stark angreifen, so daß wiederum der Harn verändert wird.

Die Nierenkanälchen arbeiten nun wie eine Ionenaustauscheranlage. Durch Einbringen von verschiedenen Mineralien in die Kanälchen tauschen sie Wasserteilchen und wichtige Blutsalze, welche die Kanälchen verlassen. Die sogenannten harnpflichtigen Substanzen bleiben in den Kanälchen. Dadurch wird die Menge des Inhaltes verringert. Von den am Tag in den Nierenkörperchen filtrierten ca. 120–180 l Primärharn bleibt letztlich eine Urinmenge von 1,5 l übrig, die ausgeschieden wird. Über deren Inhaltsstoffe wurde bereits auf S. 21ff. berichtet.

Während die heutige Wissenschaft lediglich die chemische Zusammensetzung des Harnes kennt und die chemischen Vorgänge, welche zu seiner Produktion nötig sind, fordert der Naturheilkundige, daß auch andere Prozesse hierbei für den Körper von Interesse sind, nämlich physikalische Erkennungssignale. Jedes Molekül wird vom Organismus nämlich mit einem „optischen Erkennungssystem" genau vermessen und beachtet (POPP). Wissenschaftlich weiß man darüber noch sehr wenig. Eines ist jedoch sicher: Die Eiweißstoffe, welche im Primärharn verbleiben, spielen bei dieser physikalischen Informatik die bedeutendste Rolle. Der Harn von Kranken enthält sie in oft reichlichem Maße (Mikroglobulinurie), und davon besonders Immunkörper (transitorisches IgA).

Die therapeutische Rückführung solcher Eiweiße und ihrer Mineralpartner trifft auf das feinsinnige Erkennungssystem der Zytokine (Monokine). Sie sind wichtige Starter des Immunsystems. Dieses benötigt – wie man heute weiß – lediglich Spuren von Substanzen (eins zu einer Milliarde!), um wirksam zu werden und leistet seine Arbeit noch in so großen Verdünnungen, daß selbst die Hormone dagegen als eine „dicke Brühe" erscheinen.

Eigenharntherapie kann man also erstens als eine Eigenserum-Konzentrat-Therapie bezeichnen und zwar als ein solches, das in seinen Eigenschaften durch körpereigene Veränderung aufbereitet worden ist. Zweitens kann man seine Wirkung sowohl chemisch als auch physikalisch erklären oder, modern gesprochen, sowohl als Massenwirkung als auch Information.

Wenn ein Mensch erkrankt, so kann das nur geschehen als eine Form der Mißverhältnisse zwischen seinem internen Steuerungssystem und von außen kommenden Reizen, denn jedes Lebewesen lebt vom Austausch seiner Inwelt mit der Umwelt. Die Umwelt wirkt auf den Menschen über seine Oberflächen ein. Davon besitzt die Haut 2 Quadratmeter, die Lunge 80, aber der Darm zwischen 250 und 350. Das sind etwa drei Tennisfelder nebeneinander. In diesem Darm finden wir alles, was die Umwelt zu bieten hat, Minerale, Eiweiße, Metalle, Wasser, Gase, Lebewesen. In diese Umwelt tauchen die Darmzotten ein wie die Wurzeln eines Baumes in den Humus. Weil der Darm die größte Kontaktstelle zur Umwelt ist, sitzen in ihm auch die meisten Orte des immunologischen Erkennungsdienstes, das sogenannte darmassoziierte Immunsystem (ca. 80 Prozent des gesamten). Es erscheint logisch, daß Krankheiten erst dann eine Chance haben, wenn dieses große System der Erkennungsdienste und der Abwehr geschädigt ist. Diese Oberfläche immunologisch zu informieren bzw. zu heilen, stellt also die größte Herausforderung für den Therapeuten dar.

Da Beobachtungen zeigen, daß dies mittels des eigenen Harnes (körpereigen modifiziertes Blutserumkonzentrat) möglich ist, sollen folgende Überlegungen angestellt werden:

3.3.2 Mögliche Angriffspunkte der oralen A-U-Therapie

Wenn man regelmäßig kranke Menschen untersucht und speziell deren Darmfunktion, so merkt man sehr rasch, daß dort stets und bei jeder Krankheit Unordnung herrscht. Die Zahl der Darmbewohner ist verändert, vor allem sind ihre Leistungen nicht mehr symbiotisch orientiert, Schmarotzer haben sich eingefunden, die arteigenen sind degeneriert oder aggressiv geworden. Da die Ernährung der Darmwandzellen von den Ausscheidungen unserer gesunden Darmbewohner abhängt (sie produzieren niedere Säuren, wie Essigsäure, Buttersäure, Propionsäure), leiden erstere dann Mangel, degenerieren selbst, kugeln sich ab, und es entstehen in ihrem lückenlosen Verband hauchfeine Risse. Normalerweise werden alle Darminhaltsstoffe durch Zell„trinken“ (Cytopempsis) in die Darmzellen eingesaugt, dort verändert und dann erst in die weiter im Inneren liegenden Systeme (auch des Immunsystems) weitergereicht. Im Krankheitsfalle dringen durch die Haar-Risse direkt Bakteriengifte, Viren und Virenteilchen, sowie Pilze und Pilzgifte.

Die Pilze haben die unangenehme Eigenschaft, sich – wie ein Bergsteiger in die Risse einer Felswand – mit besonderen Anheftstellen in solche Haar-Risse einzuklemmen und diese Spalten zu erweitern. Sie fressen dabei die Oberfläche der Darmzellen an und zerstören sie. Deren Schutzfunktion entfällt. Alle Umweltstoffe gelangen unkontrolliert in das Körperinnere, treffen das Immunsystem unvorbereitet, welches dann überstürzt (nicht angepaßt) reagiert. Allergien sind die erste Folge, später Immun-Irritationen oder Zusammenbrüche.

Hier kann man sich die A-U-Wirkung erklären als eine Serumberieselung, so daß sich wie unter den Schutzkrusten (Serumausschwitzung) einer verletzten Haut glatte Heilung vollzieht. Jeder Junge weiß, daß sich Wunden schneller schließen, wenn man sie „bepinkelt".

Folgende Geschichten erzählten mir zwei Patienten:

Der erste war ein jugoslawischer Holzbildhauer. Ihn beschuldigten die Partisanen der Kooperation mit den deutschen Behörden. Zur Strafe legten sie seine Hände zwischen die Weichen einer Eisenbahn und ließen die Schienen zusammenschnappen. Medizinische Hilfe war nicht vorhanden. Der Geschundene berieselte die zerquetschten Hände unablässig mit frischem Harn und wickelte sie nachts in harngetränkte Tücher ein. Die Knochen wuchsen gut zusammen, die fürchterlichen Quetschungen heilten. Er konnte später seine Künstlerarbeit wieder verrichten.

Der zweite erlebte als Gefangener in russischen Lagern eine erbarmungslose Diphtherie-Epidemie. Die russischen Sanitäter hatten keine Hilfsmittel, aber sie rieten: „Sauft euren eigenen Harn und gurgelt damit." Diejenigen Soldaten, welche sich dazu überwinden konnten, genasen – darunter mein Berichterstatter –, die anderen starben.

Viele solcher „unglaubhaften" Krankengeschichten zählen die Bücher von ALLMANN und THOMAS in deutscher Sprache auf. Die Berichte aus Indien und England lesen sich im Originaltext für den wissenschaftlich gebildeten Mediziner abenteuerlich. Sie sind jedoch, was die indische und USA-Literatur betrifft, von Ärzten unseres Jahrzehntes geschrieben worden.

Nach meinen jahrelangen Erfolgen mit den in den anderen Kapiteln beschriebenen Impfmaßnahmen oder Darmeinläufen hatte ich vor Jahren den ersten Kontakt mit einer Patientin, welche über ihre Gelbsucht berichtete:

„Es handelte sich um eine akute Hepatitis, die mir gar nicht paßte, da ich binnen vier Tagen meine abschließende Klausurarbeit zu schreiben hatte und nicht versäumen durfte. Ich war verzweifelt. Eine Krankenschwester, welche meine Station betreute, erzählte mir von einer Bäuerin, die sich auf wunderbare Weise trotz derselben Krankheit aus der Klinik herausgeholfen hatte. Sie hätte alle Tage den gesamten Harn getrunken und die Leberwerte seien in drei Tagen so normal geworden, daß man ihr die Entlassung nicht verweigern konnte. Das gab mir Mut und ich beschloß, es ihr gleichzutun. Ich trank also fünf Tage lang meine gesamte Ausscheidung. Das kostete mich am ersten und zweiten Tag große Überwindung. Am dritten Tage wurde mein Harn heller und meine heftigen Übelkeitsanfälle ließen nach. Am fünften Tage schmeckte mein Harn klar und angenehm. Ich fühlte mich topfit wie lange nicht zuvor und führte meine Klausurarbeit mit Erfolg durch."

Diese Geschichte bewog mich, die A-U-Therapie oral einzusetzen, als mich eine Frau konsultierte, welche seit vielen Jahren unter schwerstem Asthma litt. Keine Therapie wollte greifen. Sie war verzweifelt und brachte ihre Zeit teils im Bett, teils in Kliniken zu. Ihre Krankengeschichte hat sie in ihrem Buch (ALLMANN) selbst verfaßt. Ich gebe sie aus meinen Akten in Stichworten wieder:

Frau I. A., geb. 1938, Apothekerin. Seit Kindheit bronchitisch, Pneumonien und Keuchhusten über viele Jahre. Jetzt beim Aufwachen oft vereiterte und verklebte Augenränder, chronische Mandelentzündungen und Zahnwurzelvereiterungen. Monatliche Herpesanfälle an den Lippen und vom zehnten Lebensjahr an verstopfte Nase. Mit ca. 20 Jahren Operation zweier Eierstockzysten und der Kieferhöhlen. Danach langsam Entwicklung eines Bronchialasthmas. Schübe werden mit Cortison und Antibiotika behandelt. Mit 42 Jahren drastische Verschlechterung, mit 47 Jahren dramatische Verschlechterung sowie Darmverpilzung mit chronischer Blähdurchfallneigung, Gelenkschmerzen, Trockenwerden von Haut, Haaren und Hornhautbildungen an den Füßen. Bei geringen Belastungen sofort Blutergüsse. Ständig eiskalte Füße und Hände, periodisches Herzrasen und heftiges Schlagen, Nachtschweiß, Schlafstörungen, allgemeine Dauererschöpfung, depressive Verstimmung.

Patientin steht unter Dauermedikamenten und hat für all die obigen Symptome Zusatzmedikamente, welche sie fallweise gebraucht. Mit den Jahren wird das Asthma immer schlimmer. Treppensteigen wird zur Qual, Aufräumen im Zimmer fast unmöglich. Neben dem Dauerhusten traten lebensbedrohliche Erstickungsanfälle auf. Austestungen ergaben: „Allergie auf viele und unterschiedliche Stoffe und Lebensmittel." Verschiedene biologische Teste rieten zu einer erheblichen Einschränkung von Nahrungsmitteln, von fast allen Obst- und Gemüsesorten, fast jeglichen Fleischarten, allem Getreide, jeglichen Milchprodukten. Alle Urlaube mußte Frau A. in Sanatorien verbringen.

Durch homöopathische Desensibilisierung verbesserte sich der Zustand langsam. Husten und ein geringeres Dauerasthma blieben jedoch neben der Darmverpilzung mit allen Begleiterscheinungen, Gewichtsverlust und faltiger, brauner, trockener Haut.

Bei der Übernahme der Therapie benutzte die Patientin gegen das Asthma noch zweierlei Sprays und Theophyllin.

Die Patientin wurde mit der oralen autologen Serumkonzentrat-Therapie – Eigenharn oral – in vollem Umfang behandelt. Am dritten Tag ging es der Patientin entschieden besser. Es wurden alle Arzneimittel abgesetzt. Ab dem vierten Tag war die damit verbundene Verschlechterung verschwunden und nach drei Wochen konnte sie bei großer Januarkälte einen großen Marsch ohne Atemnot bewältigen. Sie behandelte sich selbst – wegen der jahrzehntelangen Krankheit – ein Vierteljahr in voller Höhe mit der A-U-oral und ging dann auf die Morgendosis zurück.

Ihr Körpergewicht stieg nach einem Vierteljahr an, die Lebensmittelunverträglichkeit minderte sich und nach 22 Monaten Therapie fühlt sich die Patientin „so gut wie noch nie im Leben". Sie toleriert jetzt fast alle Lebensmittel, spürt nichts mehr von der Hausstaubmilbe und der Textilallergie und ist nie wieder erkältet gewesen. Sie reist in alle Teile der Welt ... „zusammen mit meiner unfehlbaren und überall vorrätigen Hausapotheke".

Dieser Erfolg machte mir Mut, es mit einer zweiten Asthmatikerin zu versuchen.

Frau M. W., geb. 1951, litt bereits in der Kindheit unter Heuasthma und entwickelte Erstickungsanfälle und Ängste im Stall, in der Scheune auf dem Bauernhof und sogar unter den Bettfedern. Sie war ständig müde und litt an chronischen Kieferhöhleninfekten. Es entwickelte sich bald ein echtes Asthma. Später traten hinzu Allergien auf Tierhaare, Pollen, Lebensmittel aller Arten mit Gesichtsekzemen und Dauerkopfweh. Im Jahre 1991 mußte sie in einem Status Asthmaticus in die Klinik noteingewiesen werden.

Die Entfernung von Quecksilberplomben aus den Zähnen besserte die Müdigkeit und die vorhandenen Darmbeschwerden sowie das Dauerkopfweh. Aber es kam zu einer Darmverpilzung, welche nicht erkannt wurde, und zu dauernden Rückenschmerzen wegen total verspannter Rückenmuskulatur.

Die Patientin wurde mittels der Fastenkur nach Mayr – allerdings mit Stutenmilch und einem ausgetesteten Getreidebrot – behandelt. Schon nach der ersten Woche konnten alle Arzneimittel abgesetzt werden, aber der Atemstrom (peak-flow) erreichte kaum 400 ml. Bei jeder Anstrengung traten spastische Zustände auf. Es verschlechterte sich das Gesichtsekzem und die Stuhlqualität. Als der peak flow auf 320 ml sank, wurde mit dem Fasten unter „autohomologer Serumkonzentrat-Therapie“ (orale A-U-Therapie!) begonnen. Nach einer Woche schon besserte sich der peak flow und der Allgemeinzustand wurde als „super“ geschildert. Die Pollenallergie war verschwunden und die Hautbeschaffenheit besserte sich.

Sieben Monate später schrieb Frau W.: „Seit meiner Entlassung habe ich keinen einzigen Hub Spray mehr benötigt. Mir geht es so gut, daß ich mich nicht erinnern kann, jemals so gesund gewesen zu sein wie heute. Ich bin in einigen Urlaubswochen inzwischen 2700 km mit dem Rad gefahren und hatte nicht einmal ein bißchen Heuschnupfen. Meine Ernährung habe ich auf vegetarisch mit viel Obst umgestellt.“ Und nach weiteren sieben Monaten schreibt sie: „Mir geht es nach wie vor gut. Ich lebe ohne Arznei und Beschwerden.“

Ein weiterer Fall aus den Anfängen meiner eigenen Erfahrungen:

Frau J. St., geb. 1931, leidet seit zwanzig Jahren an Stuhlverstopfung oder Durchfällen, die teils blutig, teils schleimig sind. Sie kann fast keine Lebensmittel mehr vertragen, weil unerträgliche Blähungen einsetzen. Sie ist erbärmlich abgemagert und macht einen faltigen, trockenen, weit vorgealterten Eindruck. In der Jugend hatte sie schon Rheumaschübe gehabt, die seit 1970 wieder eintraten. Dazu gesellten sich Harnwegsinfekte, chronische Kieferhöhlenentzündungen und Mundschleimhautverpilzung. Frau St. kurte ständig mit einem Antipilzmittel, dem „Nystatin“. Dennoch ließen sich die Pilze nicht aus dem Darm vertreiben. Die Kulturen zeigten die gefürchtete Candida albicans.

Eine Woche nach Beginn der Kur mit dem natürlichen autohomologen Blutserumkonzentrat war der Stuhl bereits geformt und schmerzlos. Nach zwei Wochen fühlte die Patientin sich allgemein stabiler und kräftiger. Sie erhielt eine ausgetestete Eliminationsdiät. Nach vier Wochen Kur war die Parodontose verschwunden, die Darmverpilzung nicht mehr nachweisbar. Die Patientin hat sich seither an eine morgendliche Dosis gehalten und berichtet nach zwei Jahren: „Ich bin jetzt absolut belastbar, nie müde oder erschöpft, wie früher. Mein Mund, meine Kieferhöhlen und meine Gelenke waren nie mehr krank. Nur mein Darm bleibt etwas labil. Ich benötige gelegentlich ein Gallenmittel. Von Pilzen weiß ich längst nichts mehr.“

Nach vielen weiteren merkwürdigen Therapieerfolgen mit der oralen Eigenharnkur wagte ich mich an einen Patienten, den ich schon seit Jahren kannte und – letztlich erfolglos – mit allen möglichen biologischen Mitteln behandelte. Er „schwor" jedoch, daß die große Eigenblut-Ozon-Sauerstofftherapie (HOT) nach WEHRLI im gut täte und daher blieb er in meiner Zusatztherapie. Hier seine Krankengeschichte:

Herr Th. R., geb. 1923, hatte eine asthmatische Mutter. 1947 erkrankte er an doppelseitiger Lungentuberkulose und wurde mittels Pneumothorax behandelt. 1981 entfernte man ihm einen Tumor im Gehirn und seither war er auf hohe Cortisondosen angewiesen. Immer wieder kam es deshalb zu Bronchialentzündungen, welche antibiotisch behandelt werden mußten, und es entwickelte sich ein Asthma mit Aushusten von täglich zwei Tassen Schleim. 1988 wurde er in einer Klinik mit dem Problemkeim „Pseudomonas" hospitalisiert und seither kam er von den Antibiotika nicht mehr weg. Jeder Windhauch infizierte seine Lunge. Er konnte kaum mehr eine Treppe steigen und litt nachts unter Schlaflosigkeit und qualvollem Husten trotz 50 mg Cortison täglich, Zaditen®, Atrovent®, Sultanol®, Intal®, ASS®, Ciprobay® und Vibravenös®. Dazu trat eine extrem hohe Blutplättchenzahl auf von 1 Million (Norm 250000), was auf eine Knochenmarksschädigung deutet. Der Darm wies eine Verpilzung mit Candida auf. Der Facharzt schloß eine Bronchiektasie bei Emphysem nicht aus. Über beiden Lungen hörte man ein unaufhörliches Rasseln, Brummen und Giemen.

Die Selbstbehandlung mit der natürlichen autohomologen Serumkonzentrat-Therapie begann am 26.4.1993 in voller Höhe. Bereits einen Tag später konnte der Patient nachts besser schlafen, es traten große Schleimabgänge auf. Eine Woche später war die Vitalkapazität von 300 auf 400 ml gestiegen. Über der Lunge konnte kein Rasseln mehr gehört werden. Die vorher stets vorhandene Subfebrilität (wohlgemerkt auch unter Antibiotika) war verschwunden. Die Arzneimittel wurden der Reihe nach abgesetzt. Nur das Cortison mußte bleiben. Aber auch hier konnte der Patient – nach einer Prüfung in der Fachklinik – um 10 mg zurückstufen und später nochmals um 10. Inzwischen sind zwei Monate vergangen. Der Patient therapiert streng und fühlt sich „fast wie in alten, gesunden Zeiten". Er hustet nur noch morgens rasch und locker seinen Auswurf ab und sieht so gesund aus – vor allem ohne Atemprobleme –, daß ihn seine Bekannten kaum mehr erkennen.

Frau G. B., geb. 1928, erlitt mit 44 Jahren einen Scharlachanfall, mit 47 Jahren eine Tuberkulose an den Halsdrüsen, so daß sie bis 1970 achtmal operiert werden mußte. Danach traten unter chemischen Bekämpfungsmitteln chronische Blasen-Niereninfekte auf, denen Rachen- und Lungenentzündungen folgten. Im Verlauf der Antibiotika-Serientherapie kam es zu Vaginal- und Darmverpilzungen, die auf keinerlei Therapie ansprachen. Die Patientin litt vor allem an Verstopfung, unerträglichen Blähungen, Nahrungsmittelallergien aller Arten, Untergewicht und Nervenerschöpfung, Bauch- und Rückenschmerzen.

Nachdem auch die Eliminationsdiät und Darmkeimlenkung sowie eine Thymuskur und Eigenblutverdünnungsreihe nicht genügend ansprachen, begann Frau B. mit der natürlichen autohomologen Serumkonzentrat-Therapie. Nun begannen alle ihre Beschwerden sich zügig zu bessern und schon nach vierzehn Tagen war die Patientin sehr zufrieden und fühlte sich auf dem richtigen Weg. Jetzt, nach einem Jahr modifizierter Behandlung (Frau B. trinkt noch einmal täglich), steht sie ihrem Haushalt voll vor, ist lebensfroh, kann viele Speisen wieder vertragen und leidet nur noch an einer Schwäche der Bauchspeicheldrüsen-Tätigkeit. Alle Verpilzungserscheinungen sind völlig verschwunden.

Ich habe in den vorliegenden Fällen bewußt Asthmakranke mit Verpilzungen geschildert und auch im wesentlichen die Therapie an solchen, stets schwer leidenden, durchgeführt. Sie stellen eine dankbare, zu jeder rigorosen Therapie bereite Klientel dar. Sie sind einfach „am Ende"!

Das größte Therapiehemmnis bei dieser Naturheilmethode besteht nämlich darin, „es einfach zu tun". Jahrhundertelange Prägung mit Vorstellungen von „oben und unten", „sauber und unsauber", „Schicklichkeit und Schweinerei", haben den Europäer für ganz natürliche Vorgänge und vor allem für den unbefangenen Umgang mit ihnen völlig verdorben. Er weigert sich sogar, Beobachtungen und Geschehnisse überhaupt zur Kenntnis zu nehmen oder darüber nachzudenken, nur weil sie im gesellschaftlichen Tabu liegen.

Die meisten Patienten, welche sich dieser Therapie öffnen, haben irgendwo davon gehört, irgend etwas darüber gelesen und suchen nun einen Arzt, der sie in dieser „unbekannten Therapie" führt.

So ging es auch Frau I. Sp., welche mit 66 Jahren zu mir kam und mich fragte, ob eine solche Behandlung bei ihr möglich sei. Sie litt seit vielen Jahren an Depressionen, während derer sie ein unstillbarer Hunger überfiel. Daher war sie erheblich übergewichtig. Die Kniegelenke und die Hüfte links waren schwer deformiert und die Patientin mußte seit vielen Jahren täglich Schmerzmittel einnehmen. Aspirin 300 und ein codeinhaltiges Kombipräparat halfen ihr am besten.

Während der ersten Tage der A-U-Oral-Therapie ließ sie alle Medikamente weg und erlitt prompt Entzugssymptome. Diese stand sie eisern durch und erlebte zu ihrer Freude, daß die Depressionen bis auf leichte Reste von Verstimmungszuständen völlig schwanden und mit ihnen das Hungergefühl. Sie nahm zu Normalgewicht ab und schuf sich bei ihren Bekannten und weiblichen Verwandten dadurch gar Neider. Das Beste jedoch sollte noch kommen: Sie war nämlich zu einer Hüftgelenksoperation bestimmt, weil die beiden Gelenkenden fast miteinander verbacken waren und Tag und Nacht schmerzten. Sie konnte dem Chirurgen nach drei Monaten Therapie mitteilen, daß sie keinerlei Schmerzen mehr habe. Überglücklich berichtete sie mir, daß es eigentlich nur weniger Tricks bedürfe, um sich dieser Therapie auch als gebildeter Europäer zu öffnen.

Daher gebe ich im folgenden einige Bemerkungen wieder, welche dem Buch von Dr. med. J. L. GALA und dem des Dr. med. MITHAL (siehe Literatur S. 65 und 93) entnommen wurden:

Menschen, welche sich vor dieser Therapie sehr graulen, sollten zunächst nur die Fingerspitzen und Handflächen/Fußsohlen einmassieren, um sich an die Sache zu gewöhnen.

Dadurch wird gewöhnlich die Übelkeit und der anerzogene Zivilisations-Abscheu beseitigt. Man macht dies mehrere Male am Tag.

Generell sollte man den ersten Urinschwall ebenso wie den letzten nicht verwenden, sondern nur den sogenannten Mittelstrahl (die mittlere Portion) auffangen und verwenden. Man soll sofort nach dem Harnlassen trinken. Danach soll eine halbe Stunde lang weder gegessen noch etwas anderes getrunken werden.

Am einfachsten gelingt das Harntrinken, wenn man es während einiger Obsttage beginnt, da der Urin dann eigentlich nur nach dem soeben verzehrten Obst „duftet" oder leicht säuerlich schmeckt. Auch reine Vegetarier tun sich leicht, ebenso wie Fastende. Je mehr Tiereiweiß (in jeder Form) gegessen wird, desto mehr stinkt der Harn und wird ungenießbar.

Wenn man lediglich seine Gesundheit stabil erhalten will, genügt eine Dosis am Tag (ca. 125 bis 200 ml). Man verwendet den Morgenharn. Wenn er zu salzig oder geruchsintensiv ist, nimmt man einige Tage lang den Abendharn vor dem Abendessen oder gibt einige Tropfen Zitronensaft hinzu. Ein zu stark riechender Urin kann verdünnt werden. Starker Geruch deutet aber auf Krankheit und schlechten Stoffwechsel.

Der Harntrinker sollte sich stets darüber im klaren sein, daß er eine Therapie mit einer Flüssigkeit macht, welche nur wenige Minuten vorher sein Eigen und Besitz gewesen war. Harn besteht nicht aus Gift – denn man kann einen Gegner damit nicht umbringen! Die getrunkenen wirklichen Abfallstoffe werden problemlos vom Darm entfernt. Harn besteht wie der gesamte übrige Mensch aus einigen Molekülen Wasser, Schwefel, Phosphor, Stickstoff, Sauerstoff ect. – Was soll so unanständig daran sein?

Der Trinkende mag sich jedesmal sagen, daß ihm die Natur hier eine eigene und persönliche Apotheke gegeben hat, die ihn keinen Pfennig kostet und ihm kein chemisches Gift mit unerwünschten Folgenachwirkungen einflößt.

Um die Handlung vom üblichen Alltag abzuheben, sollte man für den Trinkzweck ein schönes, farbiges oder geschliffenes Gefäß besorgen. Nach jedem Trinken soll der Mund gut gespült werden und ein wenig Nelke oder Zitrone gekaut werden.

Nach einigen Tagen Harntrinken wird der Urin ohnehin klarer und geruchloser. Man fühlt sich kräftiger und wacher und ermüdet nicht mehr so leicht. Kleinere Krankheiten bleiben aus, in Gegenden mit epidemischen Krankheiten (Indien) bleiben die Harntrinker resistent, sogar gegen Hepatitis.

3.3.3 Anwendungsbeispiele aus der indischen, englischen und amerikanischen Literatur

Dr. MITHAL teilt die Eigenharntherapie-Möglichkeiten wie folgt ein, in

1. Einreibungen und Spülen mit Eigenharn
2. Eigenharntrinken
3. Eigenharn- und Wasserfasten
4. Eigenharnpackungen
5. Andere Maßnahmen mit Eigenharn

Infektionen, Grippe, Schnupfen

Täglich eineinhalb Tassen morgens bringen rasche Erleichterung bei Husten, Heiserkeit, Halsweh, Grippe, Schnupfen und beginnender Bronchitis. Man kann zwei- oder dreimal am Tag wiederholen. An solchen Tagen soll die Ernährung vegetarisch sein oder aus Früchten bestehen.

Sogar schwere Grippezustände kann man vermeiden, wenn man während einer Epidemie von der ersten Fieberminute an wie folgt vorgeht:

Darmeinläufe und Fasten mit ständigem Harntrinken. Nach wenigen Stunden kann es zu einem gewaltigen Schweißausbruch kommen, der das Fieber bricht. Man kann erleben, daß man nach zwölf Stunden wieder – zwar schwach aber fieberfrei – im Geschäft steht, während alle Angestellten für vierzehn Tage das Bett hüten müssen.

Bei Schnupfen kennt die Yoga-Tradition das sogenannte NETI von SHIVAMBU (Einschnüffeln von Eigenharn in die Nase). Man nimmt ein Drittel frischen Harn, zwei Drittel handwarmes Wasser und zieht die Menge einer Tasse mittels eines Teelöffels in die Nasenlöcher auf. Die Flüssigkeit soll aus dem geöffneten Mund wieder herausrinnen. Abschließend soll kräftig geschneutzt werden, so daß nichts zurückbleibt. Anfänglich fühlt man oft eine Art Schwellung der Schleimhäute oder ein scharfes Erstickungsgefühl, gefolgt von Benommenheit des Kopfes. Nach wenigen Tagen schwindet dies völlig.

Schwerere Fieber-Krankheiten

Bei Fieber, infektiösem Durchfall, Brechdurchfall, schwereren Bronchialinfekten gewinnt man rasche Erleichterung, wenn man fastet und gleichzeitig Eigenharn trinkt. Man nimmt auch hier den Morgenharn, eineinhalb Tassen voll. Dann macht man einen Darmeinlauf mit einem Teil

Urin und zwei Teilen Wasser. Man kann auch den Saft einer großen Zitrone beifügen! Die Menge richtet sich nach dem Alter des Patienten.

Kinder benötigen weniger: Vom 1.–4. Lebensjahr 125–250 ml. Vom 4.–8. Lebensjahr 250–400 ml. Vom 8.–12. Lebensjahr 500 ml, danach je nach Größe des Kindes mehr und ab dem 18. Lebensjahr die Erwachsenenmenge von einem Liter pro Tag.

Dr. MITHAL schreibt: „Jedes ungeklärte Fieber weicht dem Harnfasten rasch. Sogar Malaria, die trotz Vorausbehandlung mit Chinin etc. nicht wich, konnte durch 10 tägiges Harnfasten geheilt werden. ARMSTRONG, der mehrere solcher Fälle beschreibt, hat nie einen Mißerfolg gesehen. Auch der indische Ministerpräsident Shri Morarji Desai hat sich ebenso kuriert wie Dr. Mithal selbst und viele seiner Patienten. Auch ein Fall von Schwarzwasserfieber, gibt er an, wurde so von ihm kuriert.

Bei fieberhaften (infektiösen) Nierenkrankheiten und Harnstau sollte mit kleinen Mengen Eigenharn begonnen werden. Je nach fortschreitender Besserung der Ausscheidung soll mehr und mehr getrunken werden.

Bei Entzündungen der Blase oder Niere muß der Harn vor Gebrauch gefiltert werden.

Andere chronische Krankheiten

Bei chronischen Krankheiten findet man wahre Wunderheilungen durch die Eigenharntherapie, besonders bei Asthma, Rheuma, Krebs, Hautkrankheiten und anderen, gewöhnlich als unheilbar geltenden Leiden.

Allerdings sollte man stets mit dem Eigenharnfasten beginnen. Unter allen Umständen müssen – so die indischen Ärzte – vor Beginn des Eigenharnfastens alle allopathischen Mittel abgesetzt werden, ausgenommen Herzmittel, die unbedingt erforderlich sind. Es wird während des Harnfastens stets die gesamte Tagesproduktion wieder getrunken (das heißt, soviel davon als möglich) und bei Durst zusätzlich Wasser oder Zitronenwasser, soviel man mag. Bettruhe muß eingehalten werden. Ein mit der Therapie vertrauter Arzt sollte zugezogen werden. Es gibt in Deutschland Patienten-Selbsthilfegruppen.

Eigenharnfasten

Eigenharnfasten kann 14 Tage lang durchgeführt werden. Vor Beginn können oder sollten einige Obsttage oder totale Gemüserohkost gelegt werden. Es kann mit Obstsäften ausgeleitet werden.

Das Fastenbrechen muß nach den strengen Richtlinien der Fastenkuren durchgeführt werden. Nach dem Fasten geht man auf die vom Arzt gewünschte Diät über. Dies kann vegetarische Kost, Trennkost, Rohkost oder eine andere Heilkost sein.

Darmverpilzung

Bei Befall von Monilia (Candida albicans), Darmverpilzung, muß wie folgt vorgegangen werden (Erfahrungen von Dr. Abele):

In der ersten Woche sollte die gesamte Tagesproduktion getrunken werden. Man kann jedoch, wenn man biologische Testmethoden – z. B. die Kinesiologie – beherrscht, Variationen bestimmen, zum Beispiel „von 7 Uhr in der Früh bis um 21 Uhr abends. Von jeder Ausscheidung muß das maximal Mögliche (mindestens jedoch ein Joghurtbecher voll) getrunken werden. Daher sollte man sich zwingen, möglichst oft Harn zu lassen, um die Portionsgrößen zu mindern.

In der zweiten Woche trinkt man die Ausscheidung von morgens 7 Uhr bis abends 18 Uhr und in der dritten Woche die von morgens 7 Uhr bis mittags 13 Uhr. Danach richtet man sich nach dem Wohlbefinden und geht auf die Morgendosis zurück oder bleibt bei mehreren Dosen über den Tag verteilt. Eine Dosis kann ein Joghurtbecher voll sein (ca. 250 ml). Bei sehr abgemagerten Darmpilzkranken muß nicht unbedingt gefastet werden.

Nach dem Fastenbrechen wird üblicherweise die Menge getrunken, welche vom Patienten selbst für nützlich gehalten wird. Die Patienten entwickeln rasch ein gutes Gefühl dafür und variieren bei Rückfällen oder Gesundheitsschwankungen selbst.

Die *Monilia (Candidose)* ist üblicherweise ab der dritten Woche nicht mehr im Darm nachzuweisen. Ich habe noch keinen einzigen Versager gesehen. Natürlich muß zur Eigenharntherapie oft die Darmkeimlenkung (mikrobiologische Therapie), am besten nach dem Verfahren des Mikrobiologischen Instituts Herborn, durchgeführt und noch längere Zeit eine Anti-Pilz-Diät eingehalten werden.

Warum gerade die Darmverpilzung so bereitwillig und prompt auf die konsequente orale A-U-Therapie verschwindet, kann nur vermutet werden: Ich glaube, daß hier mehrere Vorgänge wirksam werden:

Einmal wird durch das gleichzeitige Fasten bzw. die korrekte Diät dem Pilz der Nährboden entzogen. Zweitens werden seine Anheftungsmöglichkeiten in der Darmzellwand versiegelt. Hier spielt möglicherweise das im Harn vorhandene „transitorische IgA" eine größere Rolle und es würde sich auch erklären, warum man „sehr viel Harn" benötigt, um den Erfolg zu erzielen. Drittens spült der erzielte Durchfall möglicherweise die nicht mehr anhaftenden Pilze hinaus.

Wahrscheinlich etabliert der zugeführte Harn außerdem ein für die Candida unmögliches Milieu im Darm. Harn enthält sehr viel Ammoniak und Ammonium. Ersteres schätzt die Pharmazie inzwischen als potentes Oberflächentherapeutikum bei allergischer und chronisch entzündlicher Haut (warum nicht auf Schleimhäuten?), und man weiß, daß chronisch irritierte Häute zu wenig Ammoniak besitzen. Sie können daher nicht heilen. Ammonium lassen die Zellmembranen jedoch nicht durch. Es bindet starke anorganische und organische Säuren, die vom körpereigenen Phosphat-Puffersystem nicht gebunden bzw. neutralisiert werden können. Möglicherweise hilft hier die Therapie über die Entsäuerung. Man könnte noch viel darüber forschen.

Ist jedoch einmal das große Reservoir des Darmes leer und rekrutieren sich von dort aus nicht mehr ständig neue „Candidakrieger", so kann der Organismus mit seinem unablässig arbeitenden Immunsystem die sonstwo im Körper organisierten Pilznester oder Sporen vernichten und er tut dies vollkommen.

3.3.4 Andere Anwendungsmöglichkeiten

Augenbäder: Bei Konjunktivitis oder Blepharitis (Lidrandentzündungen), Hagelkörnern oder Gerstenkorn, bei Star und trüber Hornhaut: Eigenharn wird mittels eines Augenspülglases angewendet. Einige Teelöffel Harn mit Wasser vermengt werden als Lidkompressen genommen.

Bei **Aphthosis** soll mit Harn gegurgelt und gespült werden.

Bei **Magengeschwüren** wird Eigenharn mit Wasser verdünnt genommen. Wird auch die Verdünnung noch als zu scharf empfunden, soll etwas Honig dazugemischt werden.

Bei **Dickdarmerkrankungen** sind Einläufe von Eigenharn wertvoll. Auch hier verdünnt man mit Wasser 50:50. Besonders soll die Verstopfung dadurch weichen.

Bei **Scheidenerkrankungen** sollten mit Eigenharn getränkte Tampons verwendet werden.

Die unheilbare **Leukodermie** (Weißfleckenerkrankung der Haut), Depigmentierung, soll mit Eigenharn eingerieben werden und die Stellen dann der Sonne ausgesetzt werden.

3.3.5 Einreibungen und Packungen

Bei chronischen oder sehr schweren Krankheiten muß Harn über die Haut aufgenommen werden. Er erreicht die wichtigen ersten Zellstationen der Immunabwehr, die Langerhansschen Zellen, auf diese Weise. Die indische Literatur empfiehlt ebenso wie die englische, den Harn nicht frisch, sondern gealtert zu verwenden, üblicherweise vier Tage alt. Dazu muß man etwa 8 Flaschen zu einem halben Liter vorbereiten. Sie werden numeriert. Bereits vor Beginn werden täglich eine oder zwei davon mit Harn gefüllt und mit Datum versehen. Sie werden fest verschlossen. Jeweils die vier Tage alte Flasche wird zum Einreiben verwendet.

Der ganze Körper wird morgens eingerieben. Erst nach einer Stunde wird wieder abgewaschen bzw. abgebadet. Der alte Harn riecht stechend. Das ist jedoch kein Grund, ihn abzulehnen. Zuerst werden die Arme, dann die Beine und zuletzt Bauch und Rücken eingerieben.

Nach englischen Angaben sollen Einreibungen mit leichter Hand gemacht werden. Der Harn sollte mindestens 36 Stunden alt sein. Wenn man ihn zweimal täglich aufträgt, so soll er jeweils 75 Minuten einwirken; bei einmal täglich aber zwei Stunden. Bei Einreibungen können öfter Ekzeme, Pickel oder Furunkelchen auftreten. Sie sollten nur mit Harn weiter behandelt werden. Sie verschwinden und deuten auf verstärkte Immunreaktion hin. Skabies, Ekzeme und Ringwürmer sollen nach 14 Tagen verschwinden.

Ich selber erlebe bei meinen Patienten auch dann gute Erfolge, wenn sie den frischen Harn verwenden. Man nimmt ihn sofort nach dem Harnlassen und reibt sachte ein. Besonders gut kann man damit alternde Haut straffen, Gesichtspickel zum Verschwinden bringen, den Haarboden kräftigen und Fersenschrunden heilen. Den Effekt kann man sich über die Heilwirkung des im Harn enthaltenen Ammoniak denken. Er macht die Haut geschmeidig, fördert ihr Quellvermögen, erhöht die elektrische Leitfähigkeit und dadurch werden die auf der Haut liegenden Akupunkturpunkte (Regulatoren des Inneren) vitalisiert. Auch die erste Immunzellschicht des Körpers, die Langerhansschen Zellen, werden durch das Eindringen der Harnsubstanzen angeregt. Schließlich neutralisiert das im Harn vorhandene Ammonium den Oberflächen-Ph, der bei chronisch

Kranken meist zu sauer ist. „Sauer bedeutet Tod, basisch bedeutet Leben", steht in der alten Ayurveda geschrieben.

Scheidet der Patient zu wenig Harn aus und bilden sich unter der Therapie Ödeme, so helfen Nierenwickel mit Eigenharn meist prompt.

3.3.6 Störungen während der Eigenharntherapie

Ich selber habe eigentlich keine besonderen Störungen gesehen. Allerdings tritt bei der strengen Form des Ganztagstrinkens stets zunächst Durchfall auf. Man kann ihn sich leicht erklären: Der zugeführte Harn wirkt wegen seiner Hyperosmolarität wie ein salinisches Abführmittel (Karlsbadersalz-Effekt). Auch bin ich nicht der Ansicht, daß zu Beginn der Therapie unbedingt und immer alle Allopathika abgesetzt werden müssen, da sie im Harn meist nur als Metaboliten und abgebaut erscheinen. Ich empfehle jedoch, möglichst rasch zu reduzieren. Hat man den Patienten in der Klinik und kann ihn gut überwachen, so darf drastischer gehandelt werden. Die englische und indische Literatur kennt jedoch Begleiterscheinungen der Therapie, welche nicht unerwähnt bleiben sollen:

Da die Eigenharntherapie die Ausscheidung von belastenden Substanzen fördert, können folgende Beschwerden während der ersten Kurtage auftreten:

Kopfweh, Nasenrinnen, geschwollene Tonsillen, Halsweh, Durchfall, Furunkulose, Pickel, leichtes Fieber. Oft tritt jedoch keine große Befindensverschlechterung auf. Bei größeren Beschwerden soll Bettruhe eingehalten werden und der Harn zu 50% mit Wasser verdünnt sein. Zitronenwasser sollte dann mehrmals täglich genommen werden. Da der Fastende gelegentlich mit beschwerlichen Unterzuckererscheinungen zu kämpfen hat, soll bei großer Schwäche etwas Honig gegessen werden. Bei beschwerlichem Fasten muß der Darm mit Einläufen gereinigt werden, ansonsten wirkt der beschriebene Durchfall als gute Reinigung.

Beim Harn-Wasserfasten kann der Herzschlag sich stark beschleunigen. Das ist harmlos. Die gleichzeitige Harneinreibung verringert bzw. normalisiert dies sofort, wie ich auch bestätigen kann.

Bei niederem Blutdruck und bei Herzschwäche sollte Harnfasten verboten werden. Hier soll leichte Kost gegessen und Harneinreibungen neben einmaligem Harntrinken begonnen werden. Geduld muß aufgebracht werden.

Nach der Heilung muß die Lebensweise umgestellt werden.

3.3.7 Gegenindikationen

Bei folgenden Krankheiten verbietet die indische Medizin die Eigenharntherapie:

- Diabetes mellitus
- salzabhängiger Bluthochdruck
- Niereninsuffizienz

Diese und andere genaue Vorschriften sind bereits in der Ayurveda und Yoga-Lehre fixiert und kennen eine große Menge wichtiger Zusätze zur Eigenharntherapie.

Für den westlichen Menschen sind sie unnötig bzw. unpraktikabel. Die Vorschriften deuten jedoch auf die weit verbreitete Übung unter medizinischen Gesichtspunkten hin, besonders bei Menschen mit erweitertem Bewußtsein.

Wie in England John W. ARMSTRONG, so hat in Indien der berühmte Politiker RAOJIB MANIBHAI PATEL (23.6.1988) nach seinem Herzinfarkt, den er mit 56 Jahren erlitt, die Eigenharntherapie populär gemacht. Sein Buch über diese Therapie wurde in mehrere Sprachen Indiens und ins Englische übersetzt. Er hatte MAHATMA GHANDI als Vorbild, der täglich Eigenharn trank und sich so auf seinen langen Reisen durch Hinterindiens hygienearme Landschaften gesund erhielt, ebenso NEHRU und der folgende indische Ministerpräsident SHRI MORARJI DESAI.

Weitere Kasuistiken kann man auch dem Buch der amerikanischen Autorin BARTNETT entnehmen. Sie schreibt auch lakonisch, daß der Kranke es gewohnt sei, bittere oder anders scheußlich schmeckende Medikamente ohne zu murren hinzunehmen und daß er sich daher vom täglich wechselnden und sanften Geschmack seines Harnes nicht belästigen lassen solle. Wenn die Überzeugung da sei, daß man sich eine etwas bittere Medizin einverleibt, welche der Reinigung diene, so verringerten sich alle Begleiterscheinungen von alleine. Anderenfalls solle man einige Tage die zugeführte Menge reduzieren und später erhöhen.

Es gibt Menschen, welche über viele Jahre hinweg ihre Morgenportion trinken und so auf einfache und preiswerte Weise ihre vielfältigen Nahrungsmittelallergien (klinisch ökologische Unverträglichkeiten nach RANDOLPH und COCA) im Griff haben. Die Begründung hierfür habe ich im Immunologiekapitel (S. 36) beschrieben.

Literatur

ALLMANN, Mag. I.: Die Heilkraft der Eigenharntherapie. Selbstverlag, Laurenbühlstraße 26, 88441 Mittelbiberach.

THOMAS, Carmen: Ein ganz besonderer Saft – Urin. c/o vgs Verlagsgesellschaft, Postfach 180269, 50506 Köln 1.

GALA, J. L.: Auto-Urine-Therapy by for GALA Publishers, Gomptipur, Ahamadabad 380021, 1990.

MITHAL, C. P.: Miracle of Urine Therapy. Pankaj Publications, New Delhi. Adresse des Autors: 99-C, Ramesh Nagar, (S. Storey), New Delhi, 110015.

3.4 Behandlung der Gestosen und der Hyperemesis gravidarum

Bei seinen Beobachtungen zur Wirksamkeit der Eigenharnbehandlung sprach HERZ immer mit besonderer Betonung von Erfolgen bei Störungen in der Schwangerschaft. Diese Gruppe von Erkrankten war es auch, welche seine Forschungen über die neue Therapie einleitete und anregte. Er wollte es nicht hinnehmen, daß – wie er schreibt – ca. 50 von 100 seiner schwangeren Patientinnen an mitunter doch erheblichen Beschwerden litten. Auch heute lautet die Angabe von Fachärzten: 30–60 % aller Schwangeren leiden an dem lästigen morgendlichen Erbrechen, wobei schwere, klinisch zu behandelnde Fälle etwa unter 200 Schwangeren einmal zu beobachten sind. HERZ faßte seinerzeit die Hyperemesis als ein Frühstadium der Gestose auf, eine Ansicht, die heute nicht mehr aufrechterhalten werden kann, da es bei dieser Erkrankung nie zu den histologisch-pathologischen Veränderungen kommt, wie sie bei der Gestose zu finden sind. Die Symptome der schweren Hyperemesis resultieren schließlich aus der Ketonämie, Azetonurie, Dehydratation und den damit verbundenen schweren Kreislaufstörungen, vor allem auch aus Mangelernährung, Salzmangelsyndrom und Zunahme des Hämatokrit.

Obwohl die moderne Forschung eine „Antigen-Antikörper-Theorie" als Erklärung für die Genese der beiden Erkrankungen „Gestose und Schwangerschaftserbrechen" ablehnt, könnte die vermehrte Einschwemmung von Fremdeiweiß in den maternen Kreislauf – wir finden Chorionzottenmaterial – zu einer bisweilen erheblichen Antigenämie im ersten Trimenon führen. Nimmt man wiederum die Vorstellungen von WENDT zu Hilfe, darf man erhebliche Störungen aller Art erwarten, wenn es den Kapillar-Endothelien und -Epithelien nicht gelingt, diese Eiweißmengen rasch abzubauen und aus dem Blut zu entfernen (Blutreinigungsfunktion der EE-Zellen). WENDT postuliert, daß es Endothelien gäbe, die offenbar durch Erbschwäche diese Funktion nur mangelhaft vollzögen. Ihnen fehle – wie beschrieben – die zytolytische Fähigkeit.

Stoffwechseltechnische Vorbelastungen, wie Fehlernährung, mangelhafte Reife des Organismus, vorausgegangene Leberschädigung oder überstarke Belastung der Schwangeren (Mehrlinge, Diätfehler von Anfang an, Fettsucht) würden dann Auslöser sein. Die identische Wirkung der A-U-Therapie bei Hyperemesis und bei Gestose ließen dann wiederum auf eine gemeinsame Genese beider Erkrankungen schließen, wobei die Ausprägung der Veränderungen abhängig von dem genetisch vorliegenden Zustand der Eiweißverwertungsfähigkeit der peripheren Strombahnen des Blutes wäre.

HERZ sah in der alleinigen Verordnung von Bettruhe und gutem Zuspruch ein Versagen ärztlicher Kunst. Und nachdem ihm bekannt geworden war, daß in der Schwangerschaft und vor allem bei Gestosen ungeheure Mengen von spezifischen Hormonen im Urin ausgeschieden werden, versuchte er, durch Rückverleibung eines Teils des Harnes, die vermutete Dysharmonie bei Schwangerschaftsbeschwerden „spezifisch" zu beeinflussen. Sein großes Verdienst liegt darin, einen solchen Versuch einfach gewagt zu haben. Und er hatte dabei auch mit der Art der Applikation und mit der Wahl der rückgeführten Menge eine glückliche Hand. Noch zu Lebzeiten von HERZ wurde diese Therapie nicht nur von Praktikern in weitem Umfange angewendet, sondern sie wurde auch von Fachärzten, ja auf Universitätskliniken angewandt und zum Teil mit Begeisterung begrüßt. Es ist daher nahezu unverständlich, warum sie nach 1938 praktisch völlig in Vergessenheit geraten ist und warum man sich heute wieder wie vor HERZs Zeiten mit einer reinen Symptom-Kosmetik begnügt, nämlich der Gabe von Antiemetika, und wartet, bis die eine oder andere Schwangere doch klinisch aufgenommen werden muß, um dann mit erheblichem Aufwand rehydriert, sediert, revitaminisiert und von ihrer Hypotonie befreit zu werden.

Warum Schwangere eher im ersten Trimenon zu den Entgleisungen der Emesis neigen, ist unbekannt. Man spricht auch heute noch spekulativ von „Anpassungsschwierigkeiten".

Im ersten Trimenon sind hormonelle Imbalancen ausgeprägter zu finden als später. Erst ab dem 4. Monat steigen Östriol- und Pregnandiolausscheidungen stetig an (Abb. 2). Auch muß sich die Leber wohl erst an den vermehrten Hormonstoffwechsel gewöhnen – wie man das ebenso bei einer bestimmten Gruppe von „Pillenkonsumentinnen“ sieht – und wahrscheinlich vikariierend dafür andere, wichtige Verstoffwechslungen schleppen lassen. Es muß betont werden, daß bei der Therapie des Schwangerschaftserbrechen immer dann bessere Ergebnisse zu erzielen sind, wenn man die Leber in die Behandlung mit einbezieht. Die chinesische Medizin betont schon seit Jahrhunderten den Zusammenhang von Leber und Kreislauf und morgendlicher Verschlechterung aller leberabhängigen Organfunktionen. Durch das morgendliche Erbrechen bedingt finden wir – wenn wir die Ketonämie als schwangerschaftsspezifisch ausklammern – eine Hämokonzentration, Verminderung der Alkalireserve, einen Kaliumionenanstieg und Natriumverlust.

Die Leber ist aber auch ein Hauptbildner von B-Lymphozyten, welche ihrerseits die humoralen Immunglobuline bilden. B-Lymphozyten besitzen kein „immunologisches Gedächtnis“. Ließe sich hier denken, daß dies über den Weg der angeborenen Immuntoleranz zu erklären wäre und daß die normale Ausrüstung von B-Lymphozyten bei „nicht angepaßter Leistung“, „Anlaufschwierigkeiten“, „Zustand nach Virusinfekten“ (Eingriff der Viren in die Immunausbildung), oder auch „Zustand nach Chemotoxis“ vermindert erfolgt?

Auch die innerhalb des ersten Trimenon häufiger auftretenden habituellen Aborte sowie die durch vorzeitige Blutungen gefährdete Spätschwangerschaft (ausgenommen Placenta Prävia und andere organische Anomalien) reagieren recht gut auf die Eigenharntherapie, obwohl ich persönlich hierbei immer eine Behandlung kombiniere, welche den Spannungszustand im Unterbauch vermindert. Störungen innerhalb der Gravidität, wie Hyperemesis und Prägestose sowie Abortneigung und Frühgeburtneigung treten nämlich erfahrungsgemäß besonders oft bei Erhöhung des Tonus von Unterbauch und Gebärmutter auf: Hydramnion, Mehrlingsgravidität, „Teenagerschwangerschaften“, Blasenmole.

Die Hormonbehandlungen solcher Störungen haben völlig versagt. Entgegen der auch heute noch geübten Praxis, abbrechende Schwangerschaften mit Progesteron zu halten, haben englische Autoren in jüngster Zeit statistisch signifikante Anhaltspunkte dafür gefunden, daß auch bei Sedierung (Bettruhe) und Pflege allein eher bessere Ergebnisse zu erwarten seien, als bei Gabe von Hormonen.

Lassen wir HERZ wieder zu Wort kommen und ihn seine Beobachtungen schildern, welche sich in nichts von denen unterscheiden, die auch heute noch bei kritischer Betrachtung der A-U-Methode anzustellen sind:

Bei dem 1. Fall, den ich in Beobachtung bekam, handelte es sich um eine Toxikose mit seltener Ätiologie, nämlich auf traumatischer Grundlage. Es war eine Primipara mens V, die die ganze Zeit der Schwangerschaft über beschwerdefrei gewesen war, bis sie einen Unfall (Knöchelbruch) erlitt. Von da ab traten Übelkeiten auf, Schwindelgefühl, Brechreiz und Druck in der Magengegend, der ihr sogar die Nachtruhe störte. Schließlich konnte sie gar keine Nahrung mehr bei sich behalten, auch wenn man sie ihr im Liegen zuführte. Im Urin zeigte sich Albumen. Ich machte ihr eine Eigenharneinspritzung mit $^{1}/_{2}$ ccm Morgenurin und erlebte das überraschende Resultat, daß kurz nach der Injektion sämtliche Beschwerden schlagartig schwanden; am folgenden Tag schon war der Urin eiweißfrei, und die übrigen Beschwerden kehrten nicht wieder. Ich habe sie bis zur Geburt beobachtet, die störungslos verlief.

Seit dieser ermutigenden Beobachtung wandte HERZ die *A-U-Therapie* bei Gestationstoxikosen regelmäßig an. Sie bildete schließlich für ihn das Mittel der Wahl. Niemals hatte er einen Versager und konnte in Zukunft von jeder medikamentösen Behandlung vollkommen Abstand nehmen; auch eine diätetische Beeinflussung der Patienten erübrigte sich.

Von den zahlreichen Fällen, die er in Beobachtung bekam, möchte ich zwei herausgreifen, weil sie Fingerzeige geben, wie die Behandlung technisch am zweckmäßigsten durchzuführen ist.

Eine Zweitgebärende konsultierte mich wegen außerordentlich starken Juckreizes an beiden Beinen. Es bestand erhebliche ödematöse Schwellung beider Beine und des Gesichtes, Eiweiß im Urin. Die hydropischen Erscheinungen schwanden prompt nach der 1. Injektion, mit ihnen der Juckreiz. Nach einigen Tagen kamen die Schwellungen wieder und erforderten neue Einspritzungen, die stets – allmählich länger anhaltenden – Rückgang des Hydrops im Gefolge hatten. Nach 6 Injektionen blieben die Ödeme gänzlich aus, die Albuminurie schwand, und die Geburt nahm einen ganz normalen Verlauf.

Eine Primipara mens II, durch Hyperemesis außerordentlich geschwächt, schleppte sich zu mir und zeigte eine elende Herztätigkeit. Auch diese Kranke konnte nach der 1. Eigenharneinspritzung an dem gleichen Tage wieder Nahrung bei sich behalten. Da sie aber noch nicht vollkommen beschwerdefrei war, erhielt sie von mir nach 3 Tagen die 2. Injektion in gesteigerter Dosis. Der Effekt war unerwünscht: Die Beschwerden stellten sich genau so ein wie vor der Behandlung, nur in weitaus gesteigertem Maßstab, so daß die Patientin bettlägerig wurde. Nach weiteren 2 Tagen gingen sie aber vollkommen zurück, und seitdem blieb die Kranke gesund.

HERZ hat aufgrund dieser Beobachung, die sich auch bei anderweitigen Erkrankungen wiederholte, die Wiedereinspritzung in Zukunft nicht schematisch nach 3, resp. 5 Tagen vorgenommen, sondern sie abhängig gemacht von den jeweils früher oder später folgenden Rückfallserscheinungen.

Aufgrund der Veröffentlichungen von HERZ beschäftigten sich in zunehmendem Maße Praktiker und Gynäkologen mit seiner Methode. 1936 berichtete FISCHER aus der staatlichen Frauenklinik in Dresden, daß man auch dort nach kritischer Sichtung des Materials und Vergleich mit anderen Behandlungsmethoden (Serum gesunder Schwangerer, Eigenblut, Eigenserum und Insulin-Traubenzucker-Methode) ausschließlich zur A-U-Injektion bei mittelschweren und schweren Fällen von Schwangerschaftstoxämie übergegangen war. Auch die Frankfurter Universitäts-Frauenklinik befreundete sich mit den HERZschen Gedankengängen und stellte Beobachtungen mit Eigenharnbehandlung bei Präeklampsien an.

Um Aufschluß zu erhalten über die *Art der Wirkungsmöglichkeit* des Eigenharns bei Graviditätstoxikosen, stellte HERZ Kontrollversuche an: Die Einspritzung von Urin anderer gesunder Frauen *übte absolut keine Wirkung aus.* So konnte er eine unspezifische Wirkung des Urins ausschließen. Leider fehlte ihm die Gelegenheit, fremden Schwangerenharn gesunder und toxisch kranker Gravidae zu Einspritzungen bei Gestosen zu benutzen.

GEIGER aus der Bonner Klinik erblickte bereits damals in der Eigenharnwirkung immunbiologische Vorgänge im Sinne der Antikörperbildung und bezeichnet sie deswegen als autochthone Heilmaßnahmen. Vorversuche stellte GEIGER bei sich selbst an, indem er sich Eigenurin subkutan, intrakutan, intramuskulär und intravenös in verschiedener Dosierung bis 2 cm^2 injizieren ließ. Diese Einspritzungen verliefen ebenso störungslos wie 2 weitere von 1 cm^3, die von einer an Nephropathie erkrankten Frau stammten. Wohl hatte die 2. Frau leichtes Abgeschlagenheitsgefühl mit Durchfall im Gefolge. Nach einer 3. Harninjektion, die er sich ein halbes Jahr später, aber mit dem Harn einer *anderen* nephropathiekranken Patientin verabfolgen ließ (0,8 cm^3 subkutan), erfolgte dagegen eine stürmische Reaktion: Eine Stunde nach der Injektion stellte sich eine generalisierte Urtikaria ein mit starken Kopfschmerzen, es kam zu Durchfall, und an der Einstichstelle zu einer teigig-ödematösen Anschwellung mit subfebrilen Temperaturen. Da eine bakterielle Infektion mit Sicherheit auszuschließen war, sah GEIGER in diesem Versuch einen Beweis dafür, daß die Urininjektion von der ersten nephropathischen Frau bei ihm eine Sensibilisierung ausgelöst hatte, welche nach der 3. Urineinspritzung, ein halbes Jahr später gemacht, das typische Bild einer Serumkrankheit – Urtikaria, Colitis mucosa, starkes Krankheitsgefühl und örtliche Reaktion –

hervorrief. GEIGER zog daraus die Folgerung, daß im Urin beider nephropathiekranker Frauen ein antigentragender Körper vorhanden gewesen sein mußte, der von identischem Charakter war.

Leider läßt sich heute nicht mehr eruieren, welche „Nephropathie" diesen Beobachtungen zugrunde gelegt war. Heute gelingt ja die Färbung von Antigen-Antikörper-Komplexen an der Basalmembran der Nierenglomerula mit der Fluoreszenzmethode, und wir wissen längst genau, daß zumindest die Glomerulonephritis eine Autoimmunerkrankung darstellt.

Weiter fand GEIGER, daß im Anschluß an die A-U-Inj. bei Nephropathiekranken anfangs ein leichtes Ansteigen des Urineiweißes eintrat, das aber meist nach der 2. und 3. Injektion rapide fiel. Auch er fand am eindrucksvollsten den erstaunlich schnellen Rückgang des Gesichts- und Knöchelödems, ferner die meist schlagartige Besserung der Kopfschmerzen und des Augenflimmerns, von dem die Gestose meist begleitet wird. Die Senkung des erhöhten Blutdrucks setzte allerdings langsam ein, augenfälliger und beschleunigt nach einer intravenösen Injektion, aber auch hier nicht anhaltend.

In vereinzelten Fällen, in denen er bei Hyperemesis das sofortige Sistieren des Erbrechens nach der Einspritzung vermißte, konnte er als ursächliche Erklärung dafür eine zu weit fortgeschrittene Hyperchlorämie feststellen, nach deren Beseitigung durch Kochsalzinfusion das Erbrechen sofort aufhörte.

GEIGER sah in der Eigenharnbehandlung ebenfalls eine Methode, die jeder anderen überlegen ist. Ausdrücklich betont er, daß er im Gegensatz zu früheren Behandlungsarten – Hunger- und Durstkuren bei Nephropathien – bei denen er wohl gewisse Besserung konstatieren konnte, mit der Eigenharnbehandlung tatsächlich Heilungen erzielte. Bei Eklampsie hatte er keine Gelegenheit, die Methode anzuwenden; bei *präeklamptischen* Frauen dagegen stellte er – wie Jahre zuvor die Frankfurter Frauenklinik – Versuche mit der Eigenharnbehandlung an. Diese verliefen subjektiv sowohl wie objektiv in so günstigem Sinne (er machte intravenöse Einspritzungen), daß er aufgrund dieser Erfolge dazu riet, die Behandlung auch bei Eklamptischen zu erproben.

Zum besseren Verständnis der Vorgänge, welche sich bei der Gestose abspielen, versuche ich im folgenden eine Liste aufzustellen, welche wiederum Gemeinsamkeiten aufzeigt, die hierbei auftreten.

a) Gestosen findet man vermehrt bei Patientinnen, die:

sehr junge oder
sehr alte Erstgebärende sind,
Mehrlinge erwarten,
hypertonisch reagieren,
bereits Gefäßwandstarre besitzen
(Diabetiker, Hypertonie),
eine Blasenmole oder ein
Hydramnion aufweisen.

b) Als gemeinsames Zeichen besitzen alle diese Erkrankungen die Tonuserhöhung des Uterus, Diabetiker und Hypertoniker den Mechanismus, den die Autoren WENDT/WENDT beschrieben haben (siehe Kapitel: Gedanken über die Wirkungsweise) und ein möglicherweise dem Goldblattmechanismus ähnlicher Vorgang über eine reninähnliche Substanz. Die geschilderten Gemeinsamkeiten führen alle zu einer plazentaren Hypoxämie.

c) Zu dem besonders anfälligen Personenkreis zählen auch übergewichtige Patientinnen, nierengeschädigte, und es findet sich eine familiäre Häufung.

d) In den gestosebelasteten Organen finden sich:

Kapillar- und Arteriolenspasmus sowie Stase mit Ektasie, Anlagerung von Protein an die Basalmembranen mit Verdickung derselben und Hypoporie, daher Erfordernishochdruck mit allgemeiner RR-Erhöhung. Es finden sich Fibrinablagerungen auf den Zotten der Plazenta und allenthalben extravasal, Proteinurie, und im Zusammenhang damit Ödeme, schließlich Zelldestruktionen mit nachfolgenden Hämorrhagien.

Die Viskositätszunahme des Blutes wird allgemein als Frühsymptom hervorgehoben, in deren Gefolge es zu erheblicher Einschränkung der Mikrozirkulationsstörung kommt.

e) In Zeiten der Mangelernährung, besonders der Einschränkung des Verzehrs von Tiereiweiß (Kriegszeiten) findet man immer einen Rückgang von Gestose und Hypertonie.

Die Eigenurinbehandlung greift also vornehmlich in den Bereich des Wasserhaushaltes (Druckausgleich, Viskositätsverbesserung, Behebung der Mikrozirkulationsstörung) ein.

Da analytische Ergebnisse nicht vorliegen, sollen noch 2 treffende Beispiele aus meiner Praxis dieses Kapitel abschließen:

Eine etwa 40jährige Patientin suchte mich am Ende ihrer Schwangerschaft auf mit allen Zeichen einer beginnenden Übertragung und berichtete, daß sie bei allen vorangegangenen Geburten entsetzlich zu leiden gehabt hätte. Immer waren Blutdruckanstieg und Ödeme in der letzten Graviditätswoche aufgetreten, immer mußte wegen Übertragung bei primärer Wehenschwäche eine künstliche Einleitung mit nachfolgender Vakuumextraktion durchgeführt werden, immer wäre der Eingriff wegen kindlicher Indikation erfolgt. Die Erholung im Wochenbett sei immer sehr zögernd erfolgt. Auch diesmal maß ich einen erhöhten Blutdruck, es waren Beinödeme und Schwellungen der Finger und des Gesichts vorhanden, im Urin Eiweiß. Die Patientin erhielt vormittags gegen 10 Uhr eine Eigenharninjektion. Abends um 21 Uhr bekam ich einen Anruf aus der Klinik. Die Patientin hatte spontan entbunden, nachdem zum erstenmal Wehen richtig eingesetzt hatten. Alle Zeichen der Prägestose waren verschwunden. Die Erholung nach der Geburt dauerte nur wenige Tage.

Interessant ist auch folgender Fall:

Eine junge Frau von ca. 35 Jahren berichtete in der Sprechstunde, daß sie vor 5 Jahren eine Gestose gehabt hätte und seither nicht mehr schwanger war. Aber sie bekäme in zunehmendem Maße jeweils mit Beginn der 2. Hälfte des Intermenstruums Ödeme, zunächst im Gesicht, dann auch an den Armen und Beinen, jetzt schließlich am ganzen Körper, rasende Kopfschmerzen, Spannungsschmerzen überall und der Urin ginge nicht mehr ab. Die Untersuchung förderte einen sogenannten hochgestellten Harn zutage sowie eine geringe Hypertonie, wobei allerdings der diastolische Wert auf 110 mm/Hg angehoben war. Im Urin fand sich gering Eiweiß. Die Symptome belasteten die Patientin inzwischen so stark, daß sie innerhalb des letzten halben Jahres jeweils in der Woche vor den Menstruationen nicht zur Arbeit gehen konnte. Kein Arzt und keine Klinik war auf die Ursache der Ödeme – welche die Patientin geradezu entstellten – gekommen. Eine einzige Injektion von 0,5 ml Harn ließ die gesamte Syndromatik schlagartig (innerhalb von 2 Tagen) in sich zusammenbrechen. Die Patientin fühlte sich so wohl, „wie vor ihrer letzten Schwangerschaft". Pünktlich mit Beginn des nächsten 2. Abschnitts ihres Intermenstruums begannen die Symptome wieder, und die Patientin erhielt sofort 1,0 Eigenurin. Diesmal „hielt" die Behandlung über 2 Zyklen. In immer größeren Abständen mußte später (jeweils wieder zu Beginn der 2. Zyklushälfte) A-U-Nosode gespritzt werden. Schließlich war das erscheinungsfreie Intervall auf über 1 Jahr gewachsen.

Dieser Fall motivierte mich, alle Patientinnen mit unklaren Wasserausscheidungsstörungen zu fragen, ob diese „seit einer Schwangerschaft" bestünden. Ich kann dafür garantieren, daß 1 oder 2 Eigenharninjektionen in allen so gelagerten Fällen genügen, um dann diese Störungen auf Dauer zu beseitigen. Ich habe für mich dieses gar nicht so seltene Krankheitsbild – für das es in der medizinischen Literatur keine Namen gibt, das sogar ganz unbekannt zu sein scheint – Post-Gestose-Syndrom genannt.

3.5 Klimakterische Beschwerden

Es ist wohl legitim, wenn andere gynäkologische Probleme an das vorangegangene Kapitel angeschlossen werden, obwohl theoretisch keinerlei Zusammenhänge offenbar liegen, sondern nur Beobachtungen von HERZ und anderen Autoren.

Bei der Behandlung klimakterischer Hitzewallungen empfiehlt es sich, den Urin nach einer Wallung zu entnehmen. Die Behandlung soll regelmäßig über einige Tage (1mal pro Tag) durchgeführt werden, kann aber auch in wöchentlichen Intervallen erfolgen. Die Ergebnisse sind manchmal frappant, häufig auch ungenügend. Meine Beobachtung zeigte, daß „Fülletypen" prompter ansprechen als „Leeretypen". Aber eine Regel kann man daraus nicht machen. Die Behandlung der Hitzewallungen muß immer wieder einmal wiederholt werden und sollte durch diätetische Ratschläge sowie anderweitige Behandlung von Leber und Niere untermauert werden.

3.6 Dysmenorrhö, Amenorrhö

HERZ schrieb in seinem Buche, daß er diese Erkrankungen „mit denselben Erfolgen, wenn nicht besseren", als andere Ärzte mit der damals üblichen Hormontherapie behandelt hat. Es ist richtig, daß sich bei den genannten Störungen mit fortgesetzter Eigenharninjektion Besserungen einstellen. Bei der sekundären Amenorrhö sprechen wiederum stoffwechselgestörte Frauen an, wohingegen psychisch belastete Mädchen nicht reagieren. Diese Tatsache spricht gegen eine durch den Harn regulierte Dyshormonie. Bei der Dysmenorrhö entnimmt man den Harn in jedem Stadium der Schmerzen und kann rasches Sistieren der Symptome bemerken. Es empfiehlt sich aber, die Behandlung jeweils vor Beginn der Menstruation mehrmals zu wiederholen.

3.7 Asthma

Der heutige Naturheiltherapeut tut sich bei der Behandlung von Asthmatikern besonders schwer. Er sieht nämlich in seiner Praxis eine echte Negativauswahl von an dieser Krankheit Leidenden, die noch zudem meist seit Jahren oder gar Jahrzehnten medikamentenabhängig sind und sehr häufig eine Intervallbehandlung mit Kortikosteroiden – schlimmer noch, eine Dauerbehandlung – durchführen. Alle Naturheilmethoden zielen darauf hin, die Eigenregulation des Organismus wieder in Gang zu bringen, also beim stoffwechselinduzierten Asthma zum Beispiel ein Nieren- oder ein Leberleiden zu regulieren sowie beim allergischen Asthma die Toleranz gegenüber ubiquitären Inhalationsallergenen wieder herzustellen. Alle allopathischen Maßnahmen hingegen beschäftigen sich mit der Symptomunterdrückung oder bestenfalls Verhinderung der Ausschüttung von Histamin aus Mastzellen. Sie wirken daher, solange sie gegeben werden, blockieren jedoch die vom Naturheiltherapeuten so dringend benötigten Mechanismen der Selbstregulation (Kybernetik).

HERZ hatte es in den Jahren seiner Praxis da leichter, sich ein Urteil über die Wirksamkeit der Eigenharninjektion zu bilden, da er eine Vielzahl von „nicht vorbehandelten Patienten" zu Gesicht bekam, die heute nurmehr der ganz normale praktische Arzt sieht — und aufgrund seiner Unkenntnis der Eigenharnmethode auch gleich chemisch behandelt.

Meine Umfrage bei Kollegen hinsichtlich ihrer Erfahrungen bei Asthma und A-U-Nosode förderte kein von meiner eigenen (Naturheil-Außenseiter-)Praxis abweichendes Bild zutage. Ich kann also folgende Regel aufstellen:

1. Die A-U-Nosode wirkt nur bei offensichtlich endogen oder exogen induziertem Asthma, nicht bei Formen mit überwiegend psychischer Auslösung, nicht bei schwersten Organzerstörungen, nicht bei kardialem Asthma. Lymphatische Fülletypen reagieren besser.
2. Eine Vorbehandlung mit Medikamenten allopathischer Wirkungsweise schwächt die Eigenharnwirkung ab oder unterbindet sie.
3. Kortikosteroidbehandlung macht sie unwirksam.

Auch HERZ hat grundsätzlich um diese Probleme gewußt. Im folgenden lasse ich wiederum ein Kapitel aus seinem Buch im Originaltext stehen, das zeigt, mit welch großer Umsicht er bei seinen Forschungen vorgegangen ist:

„Das ‚echte' Bronchialasthma hat in seiner *Behandlungsweise* großen Wandel durchgemacht. Solange man zwischen organischem und nervösem oder konstitutionell bedingtem Asthma unterscheiden zu müssen glaubte, fühlte man sich auf der einen Seite berufen, eingreifende Nasen- und Rachenoperationen bei den Kranken vorzunehmen, andererseits bemühte man sich, sie hauptsächlich psychisch zu beeinflussen. Ein Dauererfolg blieb aus. Dann kam die Zeit, in der man durch Testungen Reizstoffe feststellen konnte, die den asthmatischen Anfall auslösten, die Allergene, die in allen möglichen Nahrungsmitteln, Drogen, Pflanzenpollen und Tierhaaren, vor allem auch im Zimmerstaub nachgewiesen wurden. Man brachte die Kranken in der staub- und allergenfreien Kammer unter; die Wohlhabenden schickte man an die See und ins Hochgebirge. Dort fühlten sie sich wohl, solange sie sich den Aufenthalt leisten konnten. Kehrten sie in die gewohnten Lebensbedingungen zurück, dann verfielen sie prompt wieder in den alten Zustand. Die Nahrungsallergene versuchte man auszuschalten, und man desensibilisierte gleichzeitig die Patienten allmählich durch entsprechende intrakutane Vaccination (heute Hyposensibilisierung). Das führte oft zu vorübergehender Besserung, bis wieder *neue* Allergene festgestellt werden mußten, die man von dem Asthmatiker fernzuhalten hatte. So erhöhte sich allmählich die Zahl der gefundenen verschiedenartigsten Allergene auf über 100, und ich habe Speisezettel bei Asthmatikern gesehen, deren strikte Befolgung unbedingt zu Hypovitaminosen führen mußte. Das erweckte in mir die Überzeugung, daß jedes Individuum zum Allergiker werden müsse, wenn es nicht bestimmte Abwehrmaßnahmen in sich besitzen würde, die die krankhafte Einwirkung illusorisch machen. Durch die *A-U-Therapie* suchte ich die Aktivierung dieser Stoffe anzustreben. Deswegen beschritt ich den umgekehrten Weg: *Ich verbot nicht allein die festgestellten Allergene, sondern veranlaßte ihren regelmäßigen Gebrauch.* Auf diese Weise erhoffte ich eine erhöhte Anregung zur Ausscheidung der in Frage kommenden Wirkstoffe zu geben und dadurch einen gesteigerten Übergang in den Urin zu erzielen."

Im Erfolg seiner Bemühungen glaubte HERZ, die Bestätigung seiner Annahme zu erblicken. Etwa die Hälfte seiner mit der A-U-Nosode behandelten etwa 1200 Kranken waren Allergiker, meist Asthmatiker.

Genau so wechselvoll, wie sie sich ihm in ihrem Krankheitsbild darboten, war der Erfolg. Es war ihm von Anfang an klar, daß kurze Zeit existierende asthmatische Zustände besser auf die Behandlung ansprechen mußten als chronisch Kranke. Das erklärte sich schon aus den allmählich eintretenden Begleitkrankheiten, dem Emphysem, den Bronchektasien und den immer mehr sich entwickelnden Deformationen des Thorax, die er leider auch bei Kindern vielfach beobachten konnte. Im allgemeinen reagierten diese aber bedeutend besser auf die Eigenharnbehandlung als die Erwachsenen.

Zunächst führte er sie auch bei den Allergikern nur mit dem konzentrierten Morgenurin durch; doch bekam er mit der Zeit den Eindruck, daß die Konzentration hier eine weniger große Rolle spielte als die *Steigerung der Noxe* und mit ihr die *vermehrte Ausscheidung der Abwehrprodukte.* Um ein klares Bild zu erhalten, verbot er vor Beginn der *A-U-Therapie* jede medikamentöse Beeinflussung.

Aus seiner Praxis führte HERZ einige besonders lehrreiche Fälle an:

Bei *Fall 1* handelte es sich um einen Mann, Mitte der 30er Jahre. Er war Insasse eines Internierungslagers und litt seit 15 Jahren an sehr schweren Asthmaanfällen, die durch Testung auf Hausstaub zurückzuführen waren. Bei der Krankenvorstellung bat er mich, in einem anderen Raum untergebracht zu werden, da sich in den letzten Tagen seine Anfälle gehäuft hatten. Bronchovydrin, das er früher stets mit Erfolg eingeatmet hatte, hätte er dauernd inhaliert, ohne Linderung zu bekommen. Ich nahm seinen Zerstäuber an mich und forderte ihn auf, mich rufen zu lassen, wenn er einen Anfall bekomme. Das geschah in der kommenden Nacht, wo ich ihn schwer zyanotisch im Bett sitzend fand, mühsam nach Atem ringend. Ich machte ihm eine Injektion mit $^1/_2$ ccm Frischharn. Bei dieser einzigen Injektion ist es geblieben. Der Asthmatiker war in seinem Unterkunftsraum von da ab vollkommen ungestört, und er konnte sich später in der Küche beschäftigen, was ihm früher nie möglich gewesen wäre. Nach $^3/_4$ Jahren – inzwischen war seine Entlassung erfolgt – suchte er mich auf und erklärte mir glückstrahlend, daß er nie mehr eine ärztliche Hilfe habe in Anspruch nehmen müssen, den Zerstäuber habe er nie mehr gebraucht.

Fall 2 war ein 26jähriges Mädchen, das seit früher Kindheit an asthmatischen Beschwerden litt. Ihr Zustand hatte sich mit den Jahren so sehr verschlimmert, daß sie mehrmals längeren Aufenthalt in einer Klinik nehmen mußte. Schließlich nahmen die Anfälle an Intensität so sehr zu, daß der behandelnde Arzt ihr die Asthmolysinspritze selbst anvertraut hatte, die sie angeblich nur im Notfall anwandte. Ich machte ihr 2 Injektionen; die erste mit 0,5 ccm, und, da sie bald wieder heimfahren wollte – sie kam von auswärts –, entschloß ich mich dazu, die folgende Einspritzung mit 1 ccm nach 3 Tagen zu machen, obwohl die offensichtliche Besserung nach der 1. Injektion noch anhielt. Die negative Reizwirkung, die darauf eintrat, veranlaßte die Patientin entgegen meiner ausdrücklichen Anweisung, die folgende Nacht wieder zur Asthmolysinspritze zu greifen. Ich entließ sie darauf und erklärte mich aber bereit, eine Behandlung wieder durchzuführen, wenn sie sich entschlossen hätte, von medikamentöser Behandlung Abstand zu nehmen. Nach etwa 14 Tagen wurde sie mir morgens in der Frühe wieder zugeführt. In der Nacht hatte sie einen besonders schweren Anfall bekommen, und auf Veranlassung des Hausarztes hatten die Eltern sie 30 km weit zu mir gefahren. Sie kam in ganz desolatem Zustande an. Ich machte ihr eine Eigenharneinspritzung von 1,5 ccm. Nach den Angaben, die ich später erhielt, setzte nach einigen Stunden ein schockartiger Zustand ein, welcher einige Tage anhielt; und die Umgebung hatte große Mühe, die Patientin von dem Asthmolysin abzuhalten. Dann aber erfolgte mit einem Mal eine Hebung des Allgemeinbefindens mit Steigerung des Appetits bis zum Heißhunger. Als nach etwa 2–3 Wochen die Patientin mich aufsuchte, war sie körperlich wie psychisch wie umgewandelt. Ungefähr 1 Jahr lang bekam ich noch stets denselben erfreulichen Bericht, bevor sie mir aus den Augen entschwand.

Ein *3. Fall* verdient aus anderem Grund besondere Beachtung: Es handelte sich um einen 24jährigen jungen Mann, der von früher Jugend an wegen asthmatischer Anfälle in beständiger Behandlung war. Als er in eine andere Stadt übersiedelte, fühlte er sich im allgemeinen bedeutend wohler, er bekam aber schwere Asthmaanfälle, sobald er sein Elternhaus aufsuchte. An einem Mittag wurde ich zu ihm gerufen; er war Tags zuvor angekommen und hatte die ganze Nacht wegen besonders schweren Anfalls schlaflos verbracht. Ephedrin und Belladonna hatten ihm keine Erleichterung verschafft. Ich fand den Kranken im Bett halb sitzend, derart nach Luft ringend, daß er mir auf meine Fragen keine Antwort geben konnte. Er war in der Lage, Urin zu entleeren, und ich injizierte ihm 0,5 ccm Frischharn. Die Wirkung war so frappant, wie ich sie vorher und später nie beobachten konnte. Ungefähr *5 Minuten nach der Einspritzung fiel er in einen ruhigen, festen Schlaf,* so daß er nicht merkte, wie ich mich aus dem Schlafzimmer entfernte. Der Schlaf hielt ununterbrochen an bis zum nächsten Morgen, wo er vollkommen frisch die Rückreise antrat. Von da ab verliefen die Besuche in der Heimat unbeschwert, und sein Befinden blieb dauernd so gut, daß er aktiver Offizier in der holländ. Armee werden konnte.

Schließlich noch ein instruktiver Fall, den HERZ beobachtete:

Eine etwa 50jährige Asthmatikerin, deren Anfälle im Sanatorium unter Kontrolle standen, bekam plötzlich einen allergischen Schock, als sie nach der Mittagsmahlzeit ihr Zimmer betrat – in der Zwischenzeit waren die Holzfugen mit einem starken chemischen Mischpräparat gegen Kakerlaken (Plage in Amerika) eingespritzt worden. Sie hatte eine üble, reizende Geruchsempfindung, bekam kalten Schweißausbruch und wurde schwindelig; sie flüchtete mühsam aus dem Gebäude und mußte sich im Garten auf einer Bank ausgestreckt hinlegen. Bei meinem Versuch, sie aufzurichten, bekam sie heftiges Erbrechen.

Ich machte ihr eine Eigenharneinspritzung mit 0,5 ccm Frischharn. Kurz hinterher konnte sie sich im Gebäude aufrecht halten. Nach einer halben Stunde erfolgte Stuhlgang; Kopfschmerz, Schwindel sowie Übelkeit waren nach 2 Stunden vollkommen verschwunden, und die Kranke konnte in gewohnter Weise die Abendmahlzeit einnehmen.

Erwähnenswert ist, daß dieselbe Patientin einige Wochen darauf nach einem Wespenstich in den Oberschenkel eine Anschwellung beider Hände und des Gesichtes mit Rotfärbung und unausstehlichem Juckreiz bekam. Auch hier brachte 0,5 ccm Eigenharn nach ganz kurzer Zeit Heilung. Außerdem verlief die darauffolgende Nacht so gut, daß die Kranke spontan diese Angaben machte, die Erleichterung der Atembeschwerden auf die Einspritzung zurückführte und mich bat, ihr auch gegen ihren asthmatischen Zustand die Injektion zu machen.

3.7.1 Technik der Eigenharnbehandlung bei Asthma

5 ml Urin werden bei den ersten Anzeichen eines Asthmaanfalles oder auf seiner Höhe in ein Reagenzglas gegeben und 3 mal aufgekocht. Davon werden 0,5 ml intramuskulär gespritzt. Meist stellt sich die Wirkung schon nach 12 Stunden ein. Eine 2. Injektion erfolgt erst dann, aber dann auch sofort (!), wenn sich wieder neue Anzeichen einer Spastik, wie Giemen und Brummen sowie Kurzatmigkeit einstellen. Normen für einen Intervall lassen sich also feststellen. Es besteht nur eine Abhängigkeit von der Dauer der Erkrankung. Die 2. Injektion wird mit der doppelten Menge der Erstinjektion durchgeführt und im Verlauf der Behandlung wird – falls durch die Krankheit weitere Behandlungen erforderlich sind – bei jeder Sitzung um 0,5 ml gesteigert. Über 2 ml ist HERZ später nie hinausge-

gangen. Ich empfehle, bei einer Menge von 3 ml zu bleiben und gegebenenfalls diese noch einige Male zu injizieren. HERZ meinte, daß hartnäckige und veraltete Asthmafälle durchaus langzeitig mit Eigenharn behandelt werden sollten, um vielleicht doch noch eine echte Heilung zu erzielen, und empfahl hierzu das Vorgehen wie bei Hauterkrankungen.

Ich selber möchte ebenfalls betonen, daß man zwar als Außenseiter in der Medizin auf rasche und überwältigende Heilerfolge angewiesen ist und sich seine Methoden auch unter diesem Gesichtspunkt auswählt. Asthma gehört aber in die Erkrankungen, welche eine sehr lange, wenngleich immanente Vorgeschichte haben, so daß der Behandler nicht geduldig genug immer wieder in dieselbe Kerbe schlagen muß, um endlich doch zu seinem Erfolg zu kommen.

Im übrigen sollte auch der Eigenharn-Therapeut aus dem soeben aufgegriffenen Gedanken heraus niemals die A-U-Nosode als alleiniges Heilmittel anwenden, sondern auf die bewährten stoffwechsel-beeinflussenden Maßnahmen der Diät (WAERLAND, BIRCHER-BENNER, ROSENDORF), der Darmsanierung (ROSENDORF, RUSCH, SCHULER), der Serieneinläufe (RAUCH), und der Reibesitzbäder (KUHNE) zurückgreifen. Ich erinnere hier nochmals an die hochinteressanten wissenschaftlichen Untersuchungen von WENDT/WENDT bezüglich der Genese von Stoffwechselleiden, zu denen selbstredend auch Allergosen gehören.

3.8 Heuschnupfen, Rhinitis vasomotorica

HERZ schildert seine Erfolge bei diesen Erkrankungen wie folgt:

Nach meiner Erstveröffentlichung über Erfahrungen mit der *A-U-Therapie* machte der Heufieberbund Westdeutschlands auf die neuartige Behandlungsmethode aufmerksam. Das war wohl mit Grund dazu, daß ich in die Lage versetzt wurde, zahlreiche Heufieberkranke zu beobachten. Die Erfahrungen, die ich mit ihnen machte, waren ebenfalls *durchweg gut:* ältere Kranke, die seit ihrer Jugend an *Heuschnupfen* litten, fanden in relativ kurzer Zeit – nach 3–4 Spritzen – Besserung. Stellten sie sich im nächsten Jahr wieder zur Behandlung vor, dann berichteten sie mir übereinstimmend, daß ihre Beschwerden gegenüber dem vorangehenden Jahr geringer geworden seien. Von anderen, die sich nicht wieder bei mir einfanden, erfuhr ich, daß sie wegen Geringfügigkeit der Erscheinungen auf eine Wiederbehandlung verzichteten. Bei „frischeren" Fällen erfolgte meist eine endgültige Desensibilisierung in einer Heufieberperiode. *Eine Prophylaxe läßt sich bei Heufieberkranken mit Eigenharn nicht erzielen.* Zwischen Morgen- und Abendharn fand ich keinen Unterschied in der Wirkungsweise. Aber ich veranlaßte auch diese Kranken in den letzten Jahren, Wiesen und blühende

Sträucher zu passieren, bevor sie sich der Behandlung unterwarfen, um stärkere Reizerscheinungen auszulösen. Auch nach der Injektion ließ ich die Allergene auf sie einwirken.

Ich begann ebenfalls mit 0,5 ccm Eigenharn und machte die folgende Einspritzung – um 0,5 ccm gesteigert – abhängig von dem Wiedereintritt der ersten Reizerscheinungen.

Besonderer Erwähnung bedarf es, daß schon Säuglinge an Heuschnupfen erkranken. Sie niesen häufig, husten etwas, haben wässerigen Schnupfen und reiben sich die Augen. Die Erscheinungen verschlimmern sich bei Anwesenheit blühender Sträucher. In solchen Fällen wurden erstaunliche Resultate erzielt auf dem Wege über die nährende Mutter.

Mir selbst ist in diesem Zusammenhang eine Krankengeschichte unvergeßlich geblieben. Ein 14jähriges Mädchen kam in die Sprechstunde. Es litt zunehmend seit früher Kindheit an Heuschnupfen, so daß – als alle Mittel versagten – nach einer 5jährigen Intervallbehandlung mit Kortisonkristallsuspension zur Hyposensibilisierungstherapie geschritten wurde. Etwa ab der Hälfte der zu verabfolgenden Serie bekam das Kind eine entstellende Gesichtsakne sowie Grippegefühle nach jeder weiteren Spritze, Kopfweh und Schweißausbrüche. Ich leitete die Eigenharntherapie ein, und nach 5 Injektionen war das Kind nicht nur seine Akne wieder los, sondern der Heuschnupfen trotz entsprechender Jahreszeit geheilt.

Überhaupt sollte man bei Heuschnupfen die Behandlung nicht zu früh abbrechen. Die heutige Situation mit ihren gegenüber früher um ein Vielfaches erhöhten Allergenen und einer erheblich herabgesetzten Selbstregulierungsfähigkeit liefert für die Unterschiede der Behandlungserfolge von HERZ und heutigen Autoren genügend Gründe.

Über Rhinitis vasomotorica hat HERZ nur kursorisch, wenngleich positiv berichtet. Ich selber und viele meiner Kollegen teilen diese positive Ansicht nicht. Dennoch empfehle ich, bei jedem allergischen Rhinitiker die A-U-Nosode grundsätzlich einzusetzen, da sie völlig gefahrlos und vom technischen Aufwand her unerheblich ist.

Wie im Kapitel Asthma beschrieben, sollte der Heuschnupfenkranke auf der Höhe seiner Beschwerden zur Behandlung kommen und sich auch nachher nicht schonen, sondern bei Rückfällen sofort wieder in die Kur genommen werden.

Es hat sich bewährt, die EU-Therapie mit einer potenzierten Eigenbluttherapie zu kombinieren. Die Erfolge sind rascher und mehren sich. Dazu entnimmt man einen Tropfen Blut der Fingerbeere, verschüttelt ihn in einer 2-ml-Einwegspritze mit 2 ml physiologischer Kochsalzlösung, spritzt bis auf einen Tropfen (Rest im Konus) alles ins Waschbecken aus, macht mit dem Konus-Rest eine zweite Potenzierung mit derselben Menge Kochsalz, macht eine dritte und gegebenenfalls eine vierte Potenzierung und spritzt dann die Endpotenzierung subcutan und als Quaddel. Dem Therapeuten bleibt überlassen, welche Potenzierung er spritzt. Man kann mit unterschiedlichen Methoden, z. B. mittels der EAV-Messung oder mit VEGATEST, das Richtige ermitteln. Auch den Harn kann man potenzieren und so getestet ganz die spezifische Potenz verwenden. Es gibt inzwischen Aussagen von Allergologen, die mit ausgetesteten Nosoden arbeiten und eine Verdünnungsreihe herstellen, die wie eine Potenzierung anmutet. Bei einer bestimmten Potenz „macht es Klack und die Rhinitis verschwindet".

Beispiel: ein dreijähriges Kind wurde mir am Freitagabend in die Praxis gebracht. Beide Conjunktiven hingen wie flüssiges Eiklar einen cm lang über die Unterlider heraus, es bestand unaufhörliches Niesen. Kein Kinderarzt, kein HNO-Arzt in der Nähe, die nächste Klinik 60 km entfernt. Ich spritzte 0,5 ml EU und Eigenblutpotenzierung. Wenige Stunden später war das Kind ruhig, die Protrusio der Conjunktiven bildete sich in der Nacht zurück und am andern Morgen war alles vorbei.

3.9 Urtikaria und Quincke-Ödem

Ganz hervorragende Behandlungsergebnisse erzielt die Eigenharnbehandlung bei Urtikaria und Quincke-Ödem. Schon HERZ sah diese gute Wirkung, fand sie aber gar nicht so erstaunlich. Ich möchte behaupten, daß kein Fall von Urtikaria auf die A-U-Nosode nicht anspricht, so daß ich geradezu blind behandeln würde.

Einige Fälle möchte ich der Übersicht wegen anfügen:

55jährige Patientin, seit vielen Jahren rezidivierende urtikarielle Ödeme im Gesicht, vorwiegend nach Waschmittelexposition, aber auch auf Sonneneinstrahlung. Patientin kann nur „mit Hut und Schleier" ausgehen. Eine Behandlung mit 0,5 ml Eigenharn im Anfall brachte 3 Jahre Erscheinungsfreiheit.

2 Kinder mit akuter Erdbeer- bzw. Fischallergie heilten binnen Stunden nach der Injektion. Die Eltern versicherten, daß die Heilung sonst immer erst nach Tagen oder Wochen erfolgt sei.

2 Kinder, welche bei Banalinfekten immer eine Ganzkörperurtikaria entwickelten, heilten innerhalb von 24 Stunden nach der 1. Injektion. Trotz weiterer Infekte trat die Urtikaria nicht wieder auf.

Der 2½jährige Andy M. litt seit ½ Jahr an einer den ganzen Körper bedeckenden Urticaria pigmentosa. Fachärzte und Hautklinik waren machtlos. Der kleine Junge selbst war aufgrund des schrecklichen Juckreizes ganz heruntergekommen, schlief nicht, aß und trank kaum und schrie Tag und Nacht. Die Eltern waren einem Nervenzusammenbruch nahe, zumal man ihnen erklärt hatte, daß diese Erkrankung chronisch sei, sich vielleicht in der Pubertät spontan verlieren könne, daß man aber in der Zwischenzeit außer Cortison (und das lehnten die Fachärzte selbst ab) und Antihistaminika (das wirkte nur ungenügend) nichts tun könne. Nach der ersten Urininjektion besserte sich der Befund innerhalb 1 Woche, und ohne weiteres Eingreifen verschwand die Erkrankung binnen weiterer 14 Tage. Ein in späteren Jahren beobachtetes Wiederaufflackern wurde mit einer Injektion gelöscht.

Ein weiterer Fall von Urticaria pigmentosa betraf eine ältere Frau. Sie hatte diese Erkrankung schon viele Jahre, und ich erhoffte mir keine besondere Wirkung von der Eigenharnbehandlung. Schon die 1. Einspritzung ließ das Dauerjucken der Effloreszenzen abklingen. Leider wohnte die Patientin zu weitab. Die Therapie konnte nicht weitergeführt werden. Aber bis zum heutigen Tag – und das sind mittlerweile 3 Jahre her – juckt die Erkrankung nicht mehr.

Bei einer alten Frau, die noch immer leidenschaftlich im Weinberg arbeitete, kam es jeden Herbst durch die Bisse der Weinbergfliegen zu heftigen, wochenlangen urtikariellen Ekzemen, in deren Verlauf sich die Patientin nachts die Unterschenkel blutig kratzte. Ich riet ihr, sich aus gleichen Teilen Urin und Wasser eine feuchte Packung zu machen. Die Beschwerden verschwanden trotz weiterer Exposition. Auch bei Sonnenallergie kann so verfahren werden.

3.10 Colitis membranacea (mucosa)

Schon die alten Ärzte haben beobachtet, daß diese Erkrankung alternierend mit Asthma auftreten kann und haben sie als „Darmasthma" apostrophiert. Es wundert daher nicht, daß die Eigenharnmethode auch hierbei wertvolle Hilfe leisten kann.

Eltern, welche ihre Kinder selber behandeln wollen, können den Eigenharn als Klistier geben, und zwar von 15 ccm ansteigend bis zu 50 ccm, zum Teil haben Autoren ihn mit Wasser verdünnt als Bleibeklistier verabfolgt. Die Behandlung dauert aber recht lange, was wiederum die Vermutung nahelegt, daß es sich bei dieser Allergie eben nicht um eine zellständige Immunreaktion handeln kann, sondern daß die Desensibilisierung über Serumantigene erfolgen muß. Die intramuskuläre Rückgabe, welche über den Blutweg einerseits die peripheren lymphatischen Organe, andererseits die Leber erreicht, stimuliert dort die B-Lymphozyten als Hauptbildner von Serumantigenen.

Auch alte Fälle reagieren sehr gut. HERZ schreibt:

„Sie erfordern mehr Einspritzungen in gesteigerter Dosis, aber die anfallsfreien Stadien ziehen sich immer länger hin, bis die Kranken zur endgültigen Ausheilung kommen. Bei Kindern mit allergischer Disposition, bei denen die *Colica mucosa* oft so stürmisch verlaufen kann, daß die Unterscheidung von einer Appendicitis Schwierigkeiten macht, und bei denen man sich oft erst Klarheit über das Krankheitsbild verschaffen kann, wenn sich Darmschleim in größerer Menge abstößt, führt die *A-U-Therapie* meist zu schlagartiger Heilung. Bei Wiederholung der Einspritzung (um je 0,25 ccm gesteigert) ist auch hier anzuraten, nicht erst abzuwarten, bis die schmerzhaften Darmspasmen eintreten, sondern sie durchzuführen, wenn sich – meist schon 2–3 Tage vorher – eine nervöse Unruhe bemerkbar macht, die für die erfahrenen Mütter das Barometer abgibt."

3.11 Hauterkrankungen

In der älteren Literatur finden wir eine besondere Würdigung der Hauterkrankungen und ihrer Behandlung mit der A-U-Nosode von französischen Autoren. JAUSION und PALEOLOGUE haben 1929 unbeeinflußbare Ekzeme damit behandelt und mit Erfolg, wie sie angaben. Neben Erfolgen bei urtikariellen Ekzemen berichteten sie auch über das chronische Ekzem, betonten aber, daß Ekzeme, die mit Parakeratosis einhergehen, auf die A-U-Methode nicht ansprechen. Bei Hauterkrankungen muß man Geduld bei der Therapie haben. Man führt sie am besten als Serie durch und macht den Patienten sofort auf die peinliche Einhaltung derselben aufmerksam. Wieder beginnt man mit 0,5 ml und steigert wenn möglich alle 2 Tage, schlimmstenfalls 1mal wöchentlich um 0,5 ml bis auf 5,0. Nach einer Serie legt man gewöhnlich eine Pause ein, die eine bis mehrere Wochen betragen kann. Die nächstfolgende Serie beginnt man dann wieder mit 0,5 ml Eigenharn. 4–5 solcher Serien sind zur Abheilung von unspezifischen Ekzemen nicht ungewöhnlich.

Sinnlos ist es, wie auch von mir beobachtet, spezifische Hautentzündungen, wie Eiterungen, Follikulitiden oder Impetigo usw. mit Eigenharn zu behandeln. Eine besondere Domäne der Methode aber ist die Behandlung von Milchschorf bei Säuglingen, welche gestillt werden. Immer wieder wundert man sich über das rasche Verschwinden der Effloreszenzen, wenn man die stillende Mutter mit (ihrem) Eigenharn behandelt.

Der 1. Fall, den HERZ so behandelte, muß aufgrund seiner Originalität unbedingt hier angefügt werden:

Ich wurde zu einem Säugling gerufen, bei dem sich innerhalb einiger Tage ein exsudatives Ekzem von etwa Handtellergröße am Schädel herausgebildet hatte. Die Mutter war mir seit Jahren als Asthmatikerin bekannt. Der 7jährige Sohn kam während meines Besuches zufällig nach Hause, weil er wegen schweren Asthmaanfalls aus der Schule geschickt worden war; er hatte als kleines Kind ebenfalls lange Zeit an exsudativer Diathese gelitten. So fand ich Gelegenheit, sowohl bei der Mutter wie bei dem Jungen den Eigenharn einzuspritzen (je 0,5 ccm). Am nächsten Tage wurde mir über den Erfolg berichtet: Die asthmatische Mutter hatte sehr ruhig geschlafen; bei dem älteren Kinde habe man die Nacht über immer gehorcht, ob es noch atme, da man das lautlose Schlafen an ihm gar nicht kannte. Der Säugling dagegen, der bisher die verkörperte Ruhe gewesen war, habe eine ganz unruhige Nacht verbracht.

Bei meinem Besuch am übernächsten Tage nach der Einspritzung war bei dem Säugling das Ekzem vollkommen verschwunden. Der ältere Junge war in der Schule und die Mutter erklärte mir, daß sie sich seit Jahren nicht so frisch gefühlt habe. Bei dem folgenden Besuch machte sie mich darauf aufmerksam, daß die *Milchabsonderung nach der Einspritzung außerordentlich gesteigert sei.*

HERZ hat zahlreiche Brustkinder mit Milchschorf auf dem Wege über die stillende Mutter – meist mit 2, höchstens 3 Einspritzungen – heilen können.

Bei künstlich genährten Kindern gelingt es nicht, das offensichtlich gleiche Ekzem so rasch zu heilen. Liegt dies daran, daß das Immunsystem bei ihnen noch nicht im selben Ausmaße anspringt, wie das der Mutter? Nicht umsonst steht der Säugling noch mehrere Monate unter dem Schutz mütterlicher Antikörper. Gerade diese Tatsache der Beeinflussung des Säuglings über die Behandlung der Mutter muß die Annahme bekräftigen, daß die Eigenharnmethode ihre Wirksamkeit zumindest bei Allergosen über den Immunweg entfaltet. Bei künstlich genährten Säuglingen also muß – allerdings mit wesentlich kleineren Dosen – genauso verfahren werden wie bei anderen exsudativen Ekzemen. Dies scheitert freilich meist daran, daß Harn nicht ohne große Belästigung des Kindes aufgefangen oder gewonnen werden kann.

3.12 Pertussis

Eine Epidemie gab HERZ 1930 Gelegenheit, über 60 keuchhustenkranke Kinder mit der A-U-Nosode zu behandeln. Er beobachtete, daß ähnlich wie beim Asthma auch hierbei nur die spastische Komponente der Erkrankung beeinflußbar war, aber die katarrhalische nach Unterdrükkung des Spasmus ganz von selbst mitigiert auftrat. KUPPE teilte mir eine ähnliche Beobachtung mit, die er bei einer Epidemie 1960 machte. Andere Kollegen berichteten ebenfalls über gute Eindrücke bei Keuchhusten. Vor allem ist das Ausbleiben von Komplikationen immer wieder zu rühmen!

HERZ schreibt zu diesem Kapitel:

„Die Erfolge, die ich bei Behandlung der keuchhustenkranken Kinder erzielte, waren um so eindeutiger, als ich unter ihnen 3 Säuglinge behandelte, bei denen eine suggestive Beeinflussung ausgeschlossen war. Ich vermied es prinzipiell, irgendwelche Expectorantia daneben zu verabreichen und machte die Erfahrung, daß mit dem Rückgang der spastischen Zustände die katarrhalischen allmählich auch spontan schwanden.

Im allgemeinen benötigte ich nur höchstens 3 Injektionen; ich begann mit 0,25 ccm, bei Säuglingen mit nur 2 Teilstrichen. Um eine bessere Beurteilung des Krankheitsverlaufes zu bekommen, behandelte ich einzelne Kinder zwischendurch mit den gebräuchlichsten Medikamenten, ohne sie zu spritzen und konnte so den Eindruck gewinnen, daß die mit A-U-Therapie behandelten Kranken *doppelt bis 3fach so schnell* von ihrem quälenden Zustand befreit waren.

Besonderer Erwähnung bedürfen folgende Beobachtungen: Bekam ich ein Kind in Behandlung, bei dem die krampfhaften Erscheinungen eben angedeutet waren, dann konnte ich in vielen Fällen das konvulsivische Stadium gänzlich ausschalten. Erfolgte die erste Einspritzung kurz vor dem Höhepunkt der Erkrankung, dann traten die schweren Zustände äußerst schnell und anhaltend ein und täuschten eine Verschlimmerung des Krankheitsbildes vor, um dann bei den folgenden Injektionen auch um so schneller wieder zurückzugehen.

Um über das Wesen der Wirkung Klarheit zu erhalten, habe ich Kontrollversuche angestellt, indem ich frischen Stickhustenurin *anderer* Keuchhustenkranker injizierte. *Hierbei erzielte ich keinen Erfolg.* Ferner ließ ich mir von größeren Mengen Stickhustenharns Fraktionen herstellen, mit denen ich jeweils die Behandlung durchführte; auch hierbei kam es zu keinen Erfolgen. Also ist in dem *Eigen*urin das *Agens* enthalten, das spezifisch auf den Pertussiskranken einzuwirken vermag."

Die Erfahrungen von HERZ wurden von Kinderärzten anerkannt und erprobt und veröffentlicht. Besonders der Dresdner Kinderarzt KREBS arbeitete jahrelang mit diesem Verfahren und versuchte durch eigene Überlegungen der Behandlung eine wissenschaftliche Basis zu geben. Er betonte, daß gerade der Keuchhusten für ihn die überzeugendste Indikation für die Behandlung mit Eigenharn darstelle.

Als Gradmesser der Schwere des *Pertussis* ließ er die Anfälle zählen und zählte möglichst oft die Leukozyten. An 53 Keuchhustenkranken machte er die Beobachtung, daß Kinder, die täglich 40–50 Anfälle und über 30000 Leukozyten hatten, durchschnittlich 21 Tage zur Überwindung brauchten. Wenn 15–25 Anfälle in 24 Stunden auftraten und Leukozyten um 20000 bestanden, war der Keuchhusten in etwa 14 Tagen überwunden; leichte Fälle in noch kürzerer Zeit. Waren in einer Familie mehrere Kinder erkrankt, wobei vergleichsweise Vakzine neben Eigenharnbehandlung angewandt wurde, dann waren die Harnbehandelten meist eher anfallsfrei. Z. B.: In einer Familie wurden ein 3/4jähriges und ein 5jähriges Kind mit Vakzine gespritzt, dem 2- und 3jährigen Eigenharneinläufe verabreicht; bei letzteren trat sofort Milderung der Anfälle ein, und der ganze Verlauf war viel kürzer als bei den Vaccinierten. – Bei einer zweiten Familie spritzte er bei einem Keuchhusten-Vakzine, und dieses hustete länger als die 3 mit Harn behandelten Geschwister. – Daß nicht nur die Frischluftbehandlung, Flüssigkeitseinschränkung, Vitamin-C-Gabe und richtige psychische Einstellung die Hauptrolle spielten, ersah KREBS aus folgendem, oft wiederholtem Versuch: Nach 5tägiger Eigenharnbehandlung wurde diese abgesetzt. Im Laufe der nächsten Tage verschlimmerte sich der Husten meistens und wurde sofort wieder milder nach Wiederaufnahme der Eigenharneinläufe. Die Einläufe ließ er meist 2–3mal 5 Tage lang mit 2tägigen Pausen geben. KREBS weist ausdrücklich darauf hin, daß Versager aller Therapie bei Psychopathen in überängstlicher Umgebung oder bei Komplikationen an anderen Organen jedem Arzt geläufig seien.

Vor allem wiesen die mit Eigenharn behandelten Kinder auch später eine bessere Infektresistenz auf, als symptomatisch oder antibiotisch behandelte. In der heutigen Ära der durch regelmäßige Antibiotikagaben hoffnungslos verweichlichten Kinder wäre die erneute Einführung der Eigenharntherapie besonders segensreich und begrüßenswert für ihre weitere Entwicklung. Stellen doch Antibiotika unter den in späteren Lebensjahren mittels der Elektroakupunktur gewonnenen Erkenntnisse über Langzeitnoxen eine führende Rolle dar.

Ich persönlich behandle alle Kinder mit den üblichen Ausschlagkrankheiten wie Masern, Röteln usw. mit Eigenharn, den ich zusammen mit Vitamin B 12 in die Akupunkturpunkte Di 11, Ma 36 und Nie 6 einspritze.

Außerdem behandle ich wo ich kann Keuchhustenkinder mit Eigenharn intramuskulär gespritzt und erhöhe die Dosis je nach Alter der Kinder um 0,1 oder 0,2 ml pro Sitzung. Pflanzliche Hustenmittel, meist Efeuzubereitungen oder Myrrhenextrakte werden zugegeben. Die Erfolge sind stets verblüffend. Während die Harnbehandelten längst wieder in der Schule sind, keuchen die Antibiotikatherapierten zu Hause weiter und haben vor allem später ihre Folgeleiden aufgrund des antibiotika-geschädigten darmassoziierten Immunsystems.

3.13 Infektionskrankheiten, allgemein

Der österreichische Kliniker SCHÜRER-WALDHEIM hat 1927 zum erstenmal bei Behandlungen von Infektionserkrankungen Eigenurin mit einbezogen, indem er diesen mit Tierserum oder Milcheiweiß mischte und so glaubte, einer unspezifischen Resistenzerhöhung einen spezifischen Faktor beifügen zu können. KREBS und andere Kinderärzte prüften sein Vorgehen, kehrten aber zur reinen A-U-Nosode zurück. Es stellte sich hierbei heraus, daß die Gabe der Nosode nicht zu Beginn der Infektion gegeben werden sollte, sondern daß bei den üblichen Kinderkrankheiten das Ausbrechen der Hauterscheinungen abgewartet werden soll. Gibt man die A-U-Dosis zu früh, kommt es zwar zu einer Mitigierung der Infektion, aber zu einem protrahierten Krankheitsverlauf.

SCHÜRER-WALDHEIM hat auch tuberkulöse Prozesse (Apizitis, Pleuritis, Nieren-Tbc) erfolgreich mit Eigenharn behandelt. In solchen Fällen zog sich die Therapie freilich über ein Vierteljahr hinweg, bei Gabe von insgesamt etwa 30 Injektionen. PLESCH berichtete zu dieser Zeit über Heilerfolge bei Hepatitis epidemica (infectiosa), die auffallend schneller und gründlicher erfolgt sein sollen als vergleichbare in der damals üblichen Weise behandelte Fälle. Da auch heute noch keine kausale Therapie der Virushepatitis in Sicht ist, empfehle ich dringend, die Versuche PLESCHs fortzusetzen, zumal sie für den Körper in keiner Weise eine Belastung darstellen.

3.14 Eitrige Harnwegsinfektionen

Untersuchungen in den Jahren 1927 und 1929, welche CIMINO in Palermo durchführte, beschränkten sich auf die ausschließliche Behandlung von Harnwegsleiden. 1929 berichtete er auf dem Urologenkongreß in Deutschland über 500 Fälle, wobei er bei ausschließlicher Verwendung von Eigenharn eine Heilungsquote von 56,66% und eine Besserung bei 15,34% angab. Patienten, die an akuten Infekten gelitten hatten, wurden sogar zu 86% geheilt. Dies ist um so erstaunlicher, als es sich offenbar in über 3/4 seiner Fälle um Koliinfektionen gehandelt hat. Er kochte die therapeutische Dosis Eigenharn 3–4 mal und spritzte alle 2 Tage: von 5 Tropfen ansteigend bis zu 3 ccm. Eine Kur umfaßte im Durchschnitt 10 Injektionen. Auch in der Frankfurter Frauenklinik erzielte man bei der Behandlung von Pyelitiden bei Schwangeren gute Ergebnisse. Französische Autoren berichteten wie CIMIONI über Erfolge bei Koli-Harnwegsinfekten, sogar bei Fieber und Hämaturie. KREBS hat Untersuchungen bei Harnwegsinfekten von Kindern durchgeführt und war von seinen Erfolgen befriedigt. Selbst wenn man berücksichtigt, daß damals ein Nieren-Blasen-Kranker in die gleichmäßige Wärme des Bettes gezwungen wurde, so soll diese Tatsache nicht darüber hinwegtäuschen, daß heute auf die Selbstheilungstendenz des kranken Organismus zu wenig Rücksicht genommen wird. Man versucht, durch Einsatz lebenszerstörender Chemotherapeutika – „Anti-biotika" – Krankheiten sozusagen im Stehen (im wahrsten Sinne des Wortes „ambulant") zu behandeln und übersieht dabei, daß eine Erkrankung nur bei dazu bereitem Terrain, also bei bereits abgeschwächter biologischer Reaktionslage überhaupt angehen kann. Der Organismus verlangt bei seiner Re-Organisation nach der Ruhe, zu welcher er vor der Ära der chemischen Kunstgriffe durch die Schwere seiner Erkrankung per se gezwungen worden war. Meine eigenen Erfahrungen beschränken sich auf die Behandlung einer nicht repräsentativen Anzahl von chronischen Koliinfekten, die zum Teil über viele Jahre hinweg mit Sulfonamiden und Antibiotika behandelt worden waren. In den meisten Fällen konnte ich mit der A-U-Nosode die subjektiven Symptome mindern oder beseitigen, nicht aber die Koliurie, die sich in solch veralteten Fällen erst nach Badekuren im radioaktiven Wasser von La Preste Le Bain in den Pyrenäen kurieren ließ.

Akute unspezifische Harnwegsreizungen sprechen dagegen auch in meiner Praxis gut auf wenige A-U-Injektionen an, zeigen aber freilich ohnehin eine gute Selbstheilungstendenz.

3.15 Migräne

HERZ empfahl bei Migräne Harn abzunehmen, wenn es zu den bekannten Prodromi des Halbseitenkopfwehs komme, aber nicht mehr zu einem späteren Zeitpunkt. Er berichtete über Erfolge mit der A-U-Therapie. Ich selber behandle eine so extreme Negativauswahl Migränekranker, daß ich mit einer Vielzahl von Methoden eher im Intervall einzugreifen habe, um meine Erfolge zu bekommen. Die Beobachtung der Gefäßreaktionen beim Migränekranken erinnert aber an jene der Gestose, so daß jedem Therapeuten der Versuch einer Behandlung auch dieser Krankheit – aber bitte im Prodromalstadium – gerechtfertigt erscheinen muß.

3.16 Einzelfälle

Jeder Therapeut wird bestimmte Einzelfälle, welche er mit einer bestimmten Methode erlebt hat, nie vergessen. In manchen Fällen nützen sie einer Synopsis der Gedankengänge. Daher sollen die Beobachtungen, welche HERZ selbst isoliert dargestellt hat, hier angefügt werden.

Eine 60jährige Patientin mit *RAYNAUDscher Krankheit,* Angiospasmus an sämtlichen Zehen, fand nach 6 Injektionen, die ich in größeren Zwischenräumen verabreichte, endgültig Heilung. Bemerkenswert ist, daß unter 2 Fällen gleicher Erkrankung, von denen die französischen Dermatologen berichten, sich eine Patientin befand, die vergebens mit Padutin behandelt worden war.

3 junge Kranke mit schwerer *Dysmenorrhö,* wobei keinerlei anatomische Veränderungen nachweisbar waren, wurden nach einer Einspritzung von ihrem schmerzhaften Zustand befreit; in einem Fall hatte ich diese nach längerem Intervall noch einmal zu wiederholen. Ich führte die Injektion ganz zeitig durch, wenn die Erstlingserscheinungen, Stimmungswechsel und Übelkeit einsetzten.

Seine Beobachtung, daß einzelne *Diabetiker* mit hochgradiger Zuckerausscheidung nach Eigenharneinspritzung vollkommen zuckerfreien Urin entleerten, wurde von FREY bestätigt.

Bei einer Diabetikerin, die gleichzeitig an einer Glomerulonephritis litt und bei der die Zuckerausscheidung im Urin durch Insulin und Diät absolut nicht zu beeinflussen war, konnte ich diese durch 5 Eigenharninjektionen, im Zeitraum von 14 Tagen durchgeführt, auf ein Minimum herabdrücken.

Ein 32 Jahre altes Mädchen kam wegen Bronchektasie und Nephrose in Beobachtung; der Zustand hatte sich im Anschluß an gehäufte Pneumonien entwickelt, die mit Penizillin geheilt waren. Sie wurde mit starkem Ödem am ganzen Körper eingeliefert, und es bestand eine hochgradige Albuminurie. Die Menses waren über ein Jahr ausgeblieben, und es wurde eine einseitige Zystenstruma festgestellt. Unter genauer Gewichtskontrolle erhielt die Patientin neben salzfreier Kost regelmäßige Einspritzungen von Mercuhydrin (dem Salyrgan gleichgeartet). Hierdurch stand die Diurese monatelang unter Kontrolle, so daß die Injektionen in immer größeren Zwischenräumen erfolgen konnten. Nach etwa 3/4 Jahren versagte die Wirkung des Quecksilberpräparates immer mehr, und das Allgemeinbefinden verschlechterte sich. Da entschloß ich mich dazu, Eigenharneinspritzungen vorzunehmen; ich machte im ganzen 5 Injektionen, beginnend mit 0,5 ccm, steigerte um je 0,5 ccm bis zu 2 ccm; die 2. Einspritzung erfolgte nach 5 Tagen, die dritte 7 Tage später, die 4. ebenfalls nach einer Woche und die letzte 14 Tage darauf.

Während die ersten 4 Injektionen nach geringem Gewichtsverlust stets wieder eine Ansammlung des Ödems konstatieren ließen, hielt die Entwässerung nach der 5. Einspritzung an, und sie erfolgte langsam, aber stetig so, daß die Durchtränkung vollkommen zurückging und – ausblieb. *Die Eiweißausscheidung wurde dagegen in keiner Weise durch die Eigenharnbehandlung beeinflußt.*

Bei einem alten Mann mit allgemeiner *Arteriosklerose,* der seit 3 Jahren mit *intermittierendem Hinken* zu tun hatte, wurde nach 10 Einspritzungen der Fußpuls wiederhergestellt.

Bei *Hypertonikern* wurde die außerordentlich quälende *Schlaflosigkeit* dauernd günstig beeinflußt. Angstzustände, die bei anderen Erkrankungen, besonders bei Frauen im *Klimakterium,* als Begleitsymptome auftraten, verschwanden nach der Behandlung.

2 *entwicklungsgestörte* taubstumme Kinder wurden nach längerer Eigenharnbehandlung bedeutend umgänglicher.

Die günstigen Erfahrungen, die HERZ bei einigen *Epileptikern* und *Schizophrenen* anstellen konnte, wurden in der Landesheil- und Pflegeanstalt Küpperie-Görden nachgeprüft und bestätigt, „aufgrund von Beobachtungen, die auch der schärfsten Kritik standhalten".

4. Fehler bei der Behandlung mit Eigenharn

Technische Fehler bei der Injektions-Behandlungsweise können scheinbar Mißerfolge hervorrufen. Sie werden einem erst offenbar, wenn man lange Erfahrungen mit der Methode gesammelt hat.

Eine große Rolle spielt es, in welchem Stadium der Erkrankung man die Einspritzung zu machen hat: *Eine Prophylaxe mit Injektionen kann man nie erzielen.* Deswegen ist es vollkommen wertlos, die Behandlung zu einer Zeit einzuleiten, in der der Patient frei von Beschwerden ist. Nur die orale Anwendung kann als prophylaktische Maßnahme angesehen werden.

Einzelne Erkrankungen erfordern, wie schon betont, eine *frühzeitige* Anwendung: Bei der *Migräne* darf man nicht mit der Behandlung warten, bis der Kopfschmerz schon eingetreten ist – man würde dann sicherlich eine Enttäuschung erleben. – Die Einspritzung hat man vorzunehmen, sobald das Flimmern vor den Augen beginnt.

Auch bei der *Colica mucosa* ist die Behandlung einzuleiten, bevor die schmerzhaften Attacken zum Ausbruch kommen. Das ist möglich, da in der Regel allgemeine nervöse Reizerscheinungen einige Tage dem charakteristischen Anfall vorangehen.

Anders liegen die Verhältnisse beim asthmatischen Anfall, wo gerade auf der Höhe der Attacke die augenfälligsten Erfolge zu erleben sind. Andererseits erfährt der *Status asthmaticus* durch wiederholte Injektionen dauernde Besserung, wenn sie zu einer Zeit vorgenommen werden, in der sich die *ersten* Zeichen eines Anfalls bemerkbar machen.

Besonders wichtig ist der Hinweis darauf, daß ein *schematisches* Verhalten, wie es bei Behandlung von chronischen Dermatosen angegeben wird, bei anderen Erkrankungen sehr starke *negative Reizwirkungen* im Sinne von Erstverschlimmerungen ausüben kann. Deswegen sollte stets erst die Wirkung einer Injektion vollkommen abgewartet werden, bevor die folgende gegeben wird.

Es besteht die Möglichkeit, diese negative Reizwirkung vollkommen auszuschalten, wenn man der intramuskulären Behandlung eine intrakutane Vaccination vorausschickt.

Leider brechen Kranke die Behandlung gerne vorzeitig ab, wenn sich erste Besserungen einstellen. Auch nach längeren Zwischenräumen muß sie daher wie ein Neubeginn wieder aufgenommen werden. Bei chronischen Erkrankungen muß man den Kranken gleich um Geduld bitten. Sieht man nach der 1. Injektion keinen Erfolg, so soll man nach 2, 4, 6, 8 Tagen Wiederholungsbehandlung abbrechen (Hautkrankheiten ausgenommen).

Auch der Therapeut muß sich immer bewußt bleiben, daß er mit der A-U-Therapie in die kybernetische Regulation des Organismus eingreift, ihm also Zeit geben muß zu reagieren. Er muß wissen, daß trotz der oft frappanten Einzelreaktionen die A-U-Methode eine Behandlung mit einem schwach konzentrierten Medikament darstellt, sie also den Regeln der Isotherapie oder Homöotherapie eher unterworfen ist, als denen der Allopathie. Nach den Worten PARACELSUS gehört sie zu den Maßnahmen, welche dem Arzt ermöglichen, nicht gegen die Natur zu arbeiten, sondern ihr zu helfen, ohne ihr in die Zügel zu fallen.

5. Ausblick und Beurteilung

Die Behandlung mit Eigenharn (A-U-Therapie) ist vorderhand eine rein empirische Methode, bringt aber Erfolge, an denen man nicht achtlos vorübergehen kann. Es ist aufgrund ihrer Wirkungsweise bei bestimmten Krankheitsgruppen denkbar, daß diese sich im Bereich des Immunsystems des Organismus abspielt, also daß die Harntherapie zu einer Selbstregulierung verlorengegangener Abwehrfähigkeiten führt (kybernetische Vorgänge).

Diese Krankheitsgruppen sind

1. spastische Erscheinungen an glatten Muskeln (Bronchien, Gefäße, Uterus)
2. Virus-Infektionen und Bakterielle Infektionen
3. Allergosen
4. Schwangerschafts-Fehlreaktionen (siehe auch unter 1. und 3.).
5. Candida-Infekte

Es ist außerdem erwiesen, daß die Eigenharntherapie sich auf die Zusammensetzung des Blutes, vorwiegend auf die Viskosität und damit auf die Mikrozirkulation auswirkt. In diesem Zusammenhang erlebt man bei unterschiedlichen Erkrankungen das Einsetzen einer Harnflut als erstes Zeichen der Umstimmung, vor allem wenn die Erkrankung mit Wasserretention im Gewebe verknüpft war. Beeinflußt die A-U-Injektion daher die Porigkeit der Gefäßendothelien oder die Verstoffwechslung der auf die Basalmembran von Gefäßendothelien bei Krankheiten pathologisch aufgelagerten Proteinmoleküle und Mukopolysaccharide?

Angesichts der Tatsache, daß vor dem 2. Weltkrieg, in einer Zeit mangelnder Prosperität, der A-U-Therapie ein breiter Beobachtungsspielraum zugewiesen wurde und von namhaften Forschern erstaunliche Erfolgsmeldungen beigebracht werden konnten, wundert es den unvoreingenommenen Beobachter, daß nach 1945 diese Therapieform – wie übrigens viele rein empirische Naturheilverfahren – von der Bildfläche der öffentlichen Forschung und Diskussion verschwunden ist und nur in der Hand weniger Außenseiter ein Dornröschendasein fristet.

In einer Zeit, in der die reinen Naturwissenschaften und die Mathematik in Bereiche vorgestoßen sind, in der sich Wissenschaft und Glauben –

einst erbitterte Gegner – begegnen können, kann man es sich nicht leisten, eine so interessante Volksheilmethode mit der Bemerkung abzutun, es handele sich um ein Überbleibsel der magischen Dreckapotheke unterentwickelter Völker; wissenschaftlich sei bei ihr noch nichts Faßbares entdeckt worden, also auch nichts zu entdecken. Eine unwirksame Therapieform überdauert im Bewußtsein der Völker nicht Jahrhunderte! Die immer wieder erstaunlichen Erfolge, welche der Therapeut, der sich gelegentlich mit der Eigenharnmethode befaßt, in seiner Praxis erlebt, müssen ihn dazu zwingen – und sollten andere dazu zwingen – diese Therapie trotz ungeklärter Wirkungsweise zum Wohle vieler sonst „unheilbarer Fälle" einzusetzen. Denn die vornehmste Aufgabe des Arztes sollte man darin sehen, auch gegen herrschendes Gesetz und Meinung jede erfolgversprechende Therapie einzusetzen, getreu einem alten Ausspruch:

Wer heilt, hat recht

Literatur

ARMSTRONG, J. W.: The Water Of Life. A Treatise On Urine Therapy, Health Science Press, 1 Church Path, Saffron Walden, Essex, England

BARTNETT, Beatrice/ADELMAN, Margie: The Miracles Of Urine Therapy, Nutry Books Corp., P. O. Box 5793 Denver, Colorado 80217 USA

BIER, August: Homöopathie und harmonische Ordnung der Heilkunde. Hippokrates, Stuttgart 1949

DOCUMENTA GEIGY: Wissenschaftliche Tabellen 1968 Handbuch der Gyn. u. Geb.-Hilfe. Georg Thieme Verlag, Stuttgart 1973

HERZ, Kurt: Eigenharnbehandlung, 5. Auflage. Karl F. Haug Verlag, Heidelberg 1980

Informationsschrift über die Hämatogene Oxydationstherapie. UV-MED OHG, Clausthal-Zellerfeld 1980

JUNG, C. G.: Erinnerungen. Zürich/Stuttgart 1963 (Gesammelte Werke)

GOETHE: vermischte Schriften. Insel 1966

JUNG/KUBLI/WULF: Neue Erkenntnisse über Orthologie und Pathologie der Placenta. F. Enke Verlag, Stuttgart 1977

KELLER, Robert: Immunologie und Immunpathologie. Georg Thieme Verlag, Stuttgart 1977

KIEF, Horst: Verschiedene Beiträge in „Erfahrungsheilkunde", K. F. Haug Verlag

LAHMANN, H.: Die diätetische Blutentmischung. Otto Spamer Verlag, Leipzig 1905

LINSCOTT, W. D.: Specific Immunologic Unresponsiveness. International Immunology Institute, 22030 Sherman Way, Suite 305, Canoga Park, CA 91303

RAUCH, E.: Die Blut- und Säftereinigung, 14. Auflage. Karl F. Haug Verlag, Heidelberg 1981

ROSENDORF: Neue Erkenntnisse in der Naturheiltherapie. Turm Verlag, Bietigheim

SCHMITT/MATTHIESEN: Gynäkologie und Geb.-Hilfe. Schattauer Verlag, 1976

WAERLAND, Ebba: Erfolge und Behandlung mit Waerland-Therapie. Humata Verlag

WENDT: Die Stellung der Biologie. Erfahrungsheilkunde 2/80. Karl F. Haug Verlag, Heidelberg

WENDT/WENDT: Umweltverschmutzung, Blutverschmutzung. Erfahrungsheilkunde 11 und 12, 1979, 1/1980. Karl F. Haug Verlag, Heidelberg